高硫铝土矿生产氧化铝技术新进展

刘战伟　著

北　京

冶 金 工 业 出 版 社

2022

内 容 提 要

本书重点介绍了高硫铝土矿生产氧化铝过程中脱硫技术新进展，从高硫铝土矿资源概况及其性质、硫对氧化铝生产过程的危害行为、高硫铝土矿中主要硫矿物的溶出行为、拜耳法生产氧化铝流程前及流程中脱硫技术新进展、高硫铝土矿与拜耳法赤泥协同焙烧回收铝铁新技术等方面系统地阐述了高硫铝土矿高效利用的基础理论及应用技术。

本书可供氧化铝生产企业的技术人员和科研院所的研究人员使用，也可供大中专院校相关专业的师生参考。

图书在版编目（CIP）数据

高硫铝土矿生产氧化铝技术新进展/刘战伟著.—北京：冶金工业出版社，2022.6

ISBN 978-7-5024-9170-3

Ⅰ.①高… Ⅱ.①刘… Ⅲ.①氧化铝—生产工艺 Ⅳ.①TF821

中国版本图书馆 CIP 数据核字（2022）第 088730 号

高硫铝土矿生产氧化铝技术新进展

出版发行	冶金工业出版社	电　话	（010）64027926
地　址	北京市东城区嵩祝院北巷 39 号	邮　编	100009
网　址	www.mip1953.com	电子信箱	service@ mip1953.com

责任编辑　张熙莹　王悦青　美术编辑　彭子赫　版式设计　郑小利
责任校对　石　静　责任印制　李玉山
北京虎彩文化传播有限公司印刷
2022 年 6 月第 1 版，2022 年 6 月第 1 次印刷
710mm×1000mm　1/16；10.75 印张；208 千字；163 页

定价 66.00 元

投稿电话　（010）64027932　投稿信箱　tougao@cnmip.com.cn
营销中心电话　（010）64044283
冶金工业出版社天猫旗舰店　yjgycbs.tmall.com
（本书如有印装质量问题，本社营销中心负责退换）

前　言

　　随着氧化铝工业的快速发展，我国铝土矿资源日趋匮乏，铝土矿进口量不断扩大，对国外铝土矿资源的依赖性将持续增长。为了保证铝工业的可持续发展，除加紧勘探、开发新的优质铝土矿资源外，应加快开发应用我国难处理铝土矿生产氧化铝的高效低耗新工艺。我国一水硬铝石型高硫铝土矿储量有8亿吨以上，高硫型铝土矿在我国铝土矿资源占比较大，随着对煤层底铝土矿的进一步勘查，这种铝土矿的比重将越来越大。在拜耳法氧化铝生产中，铝土矿中的含硫矿物随溶出过程进入溶液循环系统，硫在溶液中逐渐富集会对生产造成很多不利影响，硫的脱除对高硫铝土矿资源高效开发利用至关重要。如果能够开发利用高硫铝土矿生产合格氧化铝，对保证我国铝土矿资源的稳定和安全供给将起到重要的作用。

　　目前，国内很多氧化铝厂已经面临着铝土矿硫含量高从而影响氧化铝生产的问题。国内外很多研究者针对氧化铝生产过程中的脱硫问题进行过一些研究，并提出了一些脱硫的方法，这些方法有的已经在生产中得到应用，但大多数方法因除硫效率低、生产成本高、除硫工艺复杂等一些原因而仍处于研究探索阶段。针对目前氧化铝生产过程中除硫难的现状，本书作者所在团队围绕高硫铝土矿生产氧化铝技术开展了长期的研究工作，在铝酸钠溶液深度除硫方面取得了一系列研究成果。作者在此基础上编写了本书。

　　本书介绍了作者团队在湿法氧化除硫、添加添加剂除硫、湿法还原除硫等脱硫方面取得的理论与技术成果，旨在为广大的科技人员开发合理可行的利用高硫铝土矿生产氧化铝技术提供理论依据及技术支撑。希望本书的出版能够对提高我国氧化铝厂规模化利用高硫铝土矿生产出合格氧化铝产品的技术水平起到积极的推动作用，从而缓解铝冶炼领域矿石资源短缺的局面，保障铝工业的可持续发展。

感谢国家自然科学基金项目（项目号：22068021、51404121 和 52064030）、云南省产业人才专项项目（项目号：YNQR-CYRC-2018-003）、真空冶金国家工程研究中心、云南省铝工业工程研究中心、云南省硅工业工程研究中心的支持。

本书在编写过程中得到了中国铝业股份有限公司氧化铝专业首席工程师李旺兴教授的指导。昆明理工大学刘战伟教授课题组的郑立聪、李敦勇、熊平、李梦楠、刘舒鑫等研究生参与了本书的基础研究工作。魏杰、刘强、夏成成等研究生参与了本书的编写和校稿工作。在此特向所有帮助和支持本书工作的专家及同学表示由衷的感谢！

由于编者水平所限，书中难免有不足之处，恳请广大读者批评指正。

刘战伟

2022 年 5 月

目 录

1 绪 论

1.1 概述

根据最新的统计报告，2021 年全球铝消耗量增加 9.9% 至 6915 万吨，其中中国铝消耗量增加 6.2% 至 4055 万吨，占全球总消耗量的 58.64%。2021 年中国氧化铝总产量 7717.1 万吨，是世界第一大氧化铝生产国[1]。近十年来全球及中国氧化铝产量如图 1.1 所示。随着氧化铝工业的快速发展，我国铝土矿资源日趋匮乏，目前我国以仅占世界 3.3% 的铝土矿资源储量（见图 1.2），生产出占全世界 54% 的氧化铝，即使考虑远景储量，乐观估计，中国铝土矿资源的服务年限也不超过 15 年[2]。铝土矿进口量不断扩大，对国外铝土矿资源的依赖性将持续增长（见图 1.3）。2021 年我国氧化铝产量高达 7717.1 万吨[3]，按吨氧化铝平均矿耗 2.3t 计算，需铝土矿约 17749.33 万吨。据中国海关统计，2021 年中国铝土矿进口量累计 9902.19 万吨[4]，进口铝土矿占我国全年铝土矿总使用量的 55.79%，这不仅提高了氧化铝生产成本，同时也将威胁我国铝工业的生存和发展。为了保证铝工业的可持续发展，除加紧勘探、开发新的优质铝土矿资源外，应加快开发应用我国难处理铝土矿生产氧化铝的高效低耗新工艺。我国一水硬铝石型高硫铝土矿储量有 8 亿吨以上，主要分布在河南、贵州和山东，还有部分分布于广西、

图 1.1 近十年全球及中国氧化铝产量

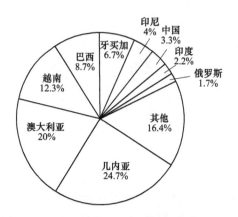

图 1.2　全球铝土矿资源储量占比

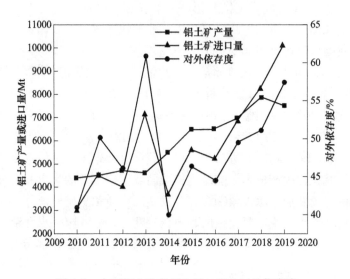

图 1.3　中国铝土矿产量和进口量及对外依存度

云南东南部、重庆中北部、四川东南部和湖北等地[5]。高硫型铝土矿在我国铝土矿资源占比较大，随着对煤层底铝土矿的进一步勘察，这种铝土矿的比重将越来越大。目前高硫铝土矿生产的氧化铝质量存在严重问题，如果能够开发利用高硫铝土矿生产合格氧化铝的工艺技术，对保证中国铝土矿资源的稳定和安全供给及铝工业的可持续发展将起到重要的作用。

1.2　高硫铝土矿资源概况

1.2.1　品级分类

中华人民共和国地质矿产行业标准《铝土矿、冶镁菱镁矿地质勘查规范》

（DZ/T 0202—2002）附录 B：铝土矿石品级标准（GB 3497—1983）根据矿石品位、三氧化二铁含量、硫含量对铝土矿进行分类[6]（见表 1.1）。含硫铝土矿按照矿石中硫的质量分数，分为低硫型（S < 0.3%）、中硫型（S 0.3%~0.8%）、高硫型（S > 0.8%）[7]。按照三氧化二铁含量分为低铁型 Fe_2O_3（质量分数 3% 以下）、含铁型 Fe_2O_3（质量分数 3%~6%）、中铁型 Fe_2O_3（质量分数 6%~15%）、高铁型 Fe_2O_3（质量分数 15% 以上）。

表 1.1　中国铝土矿石品级标准

品级	品　位		用　途
	铝硅比值（A/S）	$w(Al_2O_3)$/%	
I	≥12	≥73	研磨料、高铝水泥、氧化铝
		≥69	氧化铝
		≥66	氧化铝
		≥60	氧化铝
II	≥9	≥71	氧化铝、高铝水泥
		≥67	氧化铝
		≥64	氧化铝
		≥50	氧化铝
III	≥7	≥69	氧化铝
		≥66	氧化铝
		≥62	氧化铝
		≥62	氧化铝
IV	≥5	≥62	氧化铝
V	≥4	≥58	氧化铝
VI	≥3	≥54	氧化铝
VII	≥6	≥48	氧化铝（三水铝石）

　　根据高硫铝土矿中氧化铝和氧化硅的比例，可将高硫铝土矿分为高品级矿石（A/S>7）和中低品级矿石（3<A/S<7）。

　　另外，根据高硫铝土矿在地壳中的分布深度不同，高硫铝土矿性质发生显著变化，一般情况下高硫铝土矿随埋藏深度增加，矿石 A/S 下降且变化系数增大，S 平均含量升高且分布不均，煤层下铝土矿含硫量达到 2% 或更高，有的高硫铝土矿含硫量可高达 3%~7%。同时随含硫铝土矿埋藏深度增加铁含量变化大，矿体内部天窗、夹层增多，边界也更为复杂，矿石密度偏高[8]。

1.2.2 资源及分布

世界高品质铝土矿资源储量丰富、地区集中、类型简单、规模巨大、资源保证度很高，已探明铝土矿储量的静态保障年限为 130 年以上。因此未有对难利用高硫铝土矿资源的详细勘探资料。世界范围内对高硫铝土矿的研究主要集中在中国和俄罗斯，由于中国铝土矿资源贫矿多、富矿少，以及中国铝工业的快速发展，优质铝土矿资源供给短缺，高硫铝土矿资源作为潜在可替代资源在中国境内开展了大量的勘探工作。

中国高硫型铝土矿在中国铝土矿资源中占比例较大，主要分布于桂西、滇东南、黔中、黔北、豫西、川东南、鄂北和鲁中，如图 1.4 所示。根据各省区地质部门资料统计，已探明高硫铝土矿储量超过 8 亿吨，远景储量约 20 亿吨[9,10]。高硫铝土矿中高品位铝土矿占 57.2%，中低品位铝土矿占 42.8%[11]。根据铝土矿成因特点和矿床的赋存条件，煤层深部隐伏铝土矿是铝土矿区成矿带的一部分，其含矿层也是该地区浅部已查明的各大、中型铝土矿床含矿层向深部的自然延伸，其深部是可以找到大型乃至特大型的铝土矿床，一般来讲，深部铝土矿硫含量较高，主要分布在煤铝资源丰富的河南、山西等地，预计煤层深部高硫铝土矿储量超 10 亿吨。中国高硫铝土矿资源主要分布如图 1.4 所示。

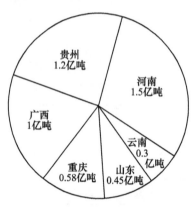

图 1.4 中国高硫铝土矿的分布

1.2.2.1 河南省

河南省铝土矿属于华北地台石炭纪沉积型铝（黏）土矿，集中分布于陕州区—渑池—新安、偃师—巩义—荥阳—登封—密县及宝丰—临汝—禹州地区。随着 150m 以上浅铝土矿资源殆尽，近年来对 300～500m 以深矿区勘查力度逐步增加，从现有勘查成果分析，进一步找矿前景较好。河南省有色金属地质勘查总院资料显示，中国铝业股份有限公司河南分公司在陕州区支建煤矿深部、曹窑煤矿深部找矿成功[12]，曹窑煤矿区深部隐伏铝土矿床是豫西铝土矿成矿区陕渑新成矿带的一部分，其随深度增加，矿石 A/S 下降，S 含量升高。S 含量为 0.01%~7.48%，算术平均值为 1.03%，其中低硫型占 27%，中硫型占 32%，高硫型占 41%[13]。西北部洛阳—三门峡地区煤下铝土矿也成功勘探[14]。这部分资源一般含硫量较高，同时单质碳和有机碳含量都显著增加，属于难处理高硫铝土矿。

1.2.2.2　贵州省

贵州铝土矿资源集中分布于黔中的贵阳和黔北的遵义两个地区，贵阳地区保有资源储量 2.95 亿吨，其中清镇地区保有资源储量 2.29 亿吨。遵义地区保有资源储量 1.26 亿吨，其中务川、正安、道真三地已查明资源量约 0.86 亿吨，其他地区保有资源储量 0.25 亿吨[15]，贵州铝土矿中相当一部分矿石中含有大量的硫，属于高硫铝土矿[16]。贵州高硫铝土矿主要含硫矿物为黄铁矿及其胶质变体——胶黄铁矿[17]，贵州高硫型铝土矿 60% 以上属于高品位铝土矿，贵州省高硫铝土矿调查情况见表 1.2。

表 1.2　贵州省高硫铝土矿调查情况

实地调查点	矿石外观	测试结果				
		Al_2O_3/%	SiO_2/%	Fe_2O_3/%	S/%	A/S
清镇猫场	黑灰色块状	60.36	8.16	9.33	4.74	7.40
后槽金鸡顶	黑灰色碎屑状	71.49	3.27	6.13	2.93	21.88
遵义团溪两路口堆场	黑灰色块状	71.47	6.26	2.72	1.05	11.41
后槽王家湾	黑灰色块状	67.42	8.48	4.04	2.59	7.95
后槽老虎岩	黑灰色块状	75.50	2.34	2.35	1.04	32.25
川主庙煤湾	黑灰色土状	53.93	4.51	16.41	10.79	11.95
川主庙松林宝	黑灰色土状	64.95	2.42	11.67	5.58	26.87
川主庙老洼山	黑灰色碎屑状	65.18	6.37	7.56	4.47	10.23
川主庙老洼山堆场	灰色碎屑状	73.94	4.64	0.71	0.28	15.95
尚稽宋家大林	黑灰色碎屑状	68.99	6.58	3.78	2.08	10.48
尚稽八一堆场	黑灰色混合	55.52	2.60	17.99	10.88	21.36
三合新站	黑灰色块状	52.24	9.87	18.43	0.48	5.30
苟江	深灰色碎屑状	65.91	10.05	1.08	0.18	6.56
苟江	深灰色碎屑状	73.33	3.74	1.37	0.41	19.61
长冲	含黑色颗粒碎屑状	76.27	1.93	1.78	0.29	39.52
长冲	黑灰色致密块状	65.94	5.56	1.97	0.25	11.85
长冲堆场	黑灰色含黄铁矿	61.76	4.30	11.98	7.05	14.36

续表 1.2

实地调查点	矿石外观	测试结果				
		Al_2O_3/%	SiO_2/%	Fe_2O_3/%	S/%	A/S
长冲堆场	黑灰色土状	61.91	13.35	2.66	0.18	4.64
修文白泥田	深灰色半土状	76.96	2.34	0.85	0.11	32.88
斗篷山	黑灰色致密状	63.14	8.54	9.81	0.06	7.39
斗篷山	深灰色致密状	58.52	19.55	2.00	0.07	2.99
斗篷山	浅灰色土状	76.06	2.72	1.00	0.06	27.95
斗篷山	黑灰色混合	54.38	24.06	2.54	0.07	2.26
织金马场	浅灰色致密块状	72.98	4.47	2.23	0.93	16.33
织金马场	浅灰色致密块状	56.16	6.13	14.8	9.05	9.16
织金马场	深灰色致密块状	60.53	4.29	12.3	10.65	14.11
织金马场	浅灰色碎屑状	70.78	5.78	3.22	1.04	12.50
林歹燕垅	深灰色高铁铝土矿	52.49	12.71	15.85	0.01	4.13

清镇猫场矿区为全国最大的沉积型铝土矿区，探明总储量达到 2.29 亿吨，仅 0~24 线的探明储量为 1.79 亿吨，整体矿区含硫量偏高，高硫铝土矿占总量的 32%，Al_2O_3 含量平均为 60.36%，SiO_2 含量平均为 8.16%，Fe_2O_3 含量平均为 9.33%，含硫量为 0.92%~15.52%，平均 4.74%。

遵义地区的高硫铝土矿主要分布在后槽、川主庙、仙人岩、苟江及三合等矿区，矿石以中高铝、中低硅、中至高铝硅比为特征，硫矿物呈星点、结核状，在绝大部分矿体中均有出露，硫含量随矿体埋藏深度的增加而升高，含硫量均大于 0.8%，其中含硫量较高的有川主庙矿区的煤湾、松林宝等矿段。

织金地区高硫铝土矿主要分布在马场矿区的马桑林、簸渡河及营合等矿段。该地区铝土矿含硫量为 0.02%~7.89%，平均 1.22%，高硫铝土矿占总资源储量的 23.38%。

1.2.2.3　重庆市

重庆南部南川地区川洞湾—灰河—大佛岩铝土矿区，已查明储量 1 亿吨，远景储量可达 3 亿吨[18]，平均硫含量 1.22%，属于典型的高硫铝土矿。该矿区主要硫矿物为黄铁矿，同时含有少量的白铁矿、黄铜矿和方铅矿。

1.2.2.4　山西省

山西省铝土矿资源大都赋存在煤炭资源的周围[19]，浅部已查明的铝土矿区域的自然延伸至煤层以下，高硫铝土矿资源储量丰富。

1.3 高硫铝土矿性质

中国境内高硫铝土矿主要为一水硬铝石型高硫铝土矿，部分含有一水软铝石，一般情况肉眼可见金黄色含硫颗粒嵌布于矿石中，高硫铝土矿颜色一般为黑灰色，随区域分布不同也有黄褐色和深褐色等，如图 1.5 所示。其矿物性质复杂，随地域、埋藏深度不同性质差异较大。

深褐色

黄褐色

彩图

图 1.5 铝土矿表观形貌图

1.3.1 高硫铝土矿化学和矿物物相组成

除氧化铝外，高硫铝土矿中所含杂质主要是氧化硅、氧化铁、氧化钛和含硫化合物，此外，还含有少量或微量的钙和镁的碳酸盐，钾、钠、钒、铬、锌、磷、镓、钪等元素的化合物及有机物等。硫含量波动大，高硫铝土矿硫含量为 0.8%~15%，个别矿点矿物硫含量可大于 15%。

高硫铝土矿中主要的铝矿物为一水硬铝石，个别地区含有一水软铝石，总体品位适中[20]。不同地区及同一地区的不同采点硅矿物类型变化较大，组成复杂，伊利石普遍存在，部分矿石中还同时含有高岭石、叶蜡石、绿泥石、石英。不同地区不同采点高硫铝土矿化学成分和矿物物相分析结果见表 1.3 和表 1.4。

表 1.3 不同地区高硫铝土矿化学成分分析 （%）

矿样名称	Al_2O_3	SiO_2	Fe_2O_3	TiO_2	K_2O	Na_2O	CaO	MgO	S
贵州 1	62.44	4.45	8.89	3.26	0.85	0.038	0.17	0.061	7.15
贵州 2	54.56	4.28	18.34	3.06	0.78	0.021	0.066	0.069	4.30
贵州 3	62.88	10.84	7.05	2.95	0.97	0.14	0.18	0.32	0.71
河南 1	47.58	11.56	11.39	2.30	2.18	0.023	2.57	0.79	7.16
河南 2	63.11	10.97	3.96	2.93	2.46	0.032	0.20	0.12	2.68

矿样名称	Al₂O₃	SiO₂	Fe₂O₃	TiO₂	K₂O	Na₂O	CaO	MgO	S
河南 3	62.97	16.67	1.72	2.78	1.28	0.023	0.16	0.25	0.84
重庆 1	66.45	6.88	5.35	2.63	0.71	0.14	0.038	0.16	3.87
重庆 2	60.51	17.24	3.42	2.30	0.52	0.14	0.12	0.49	0.89
重庆 3	58.43	13.82	4.46	2.41	0.57	0.08	0.21	0.49	1.31
遵义 1	65.61	7.97	6.19	2.88	1.22	0.04	0.13	0.14	1.63
遵义 2	64.48	8.3	6.06	2.79	1.21	0.018	0.56	0.34	2.10
煤下高硫 1	60.24	19.56	3.12	2.43	0.42	0.01	0.76	0.25	1.38
煤下高硫 2	59.41	18.68	2.80	2.47	0.38	0.08	0.60	0.21	1.16
煤下高硫 3	64.21	14.10	2.70	3.12	0.15	0.02	0.08	0.13	1.25
煤下高硫 4	63.75	12.69	1.76	3.11	0.46	0.18	0.00	0.19	0.85

表 1.4 不同地区高硫铝土矿矿物物相组成 （%）

矿物	一水硬铝石	一水软铝石	伊利石	叶蜡石	高岭石	绿泥石	黄铁矿	针铁矿	石英	锐钛矿	金红石	石膏	白云石	方解石
贵州 1	69.8	—	8.1	—	—	—	13.4	—	0.8	2.2	—	—	—	—
贵州 2	60.0	—	7.4	—	2.0	—	8.0	14.9	—	2.0	1.0	—	—	—
贵州 3	64.6	—	9.2	—	10.1	—	1.3	—	2.0	—	—	—	—	—
河南 1	49	—	23	—	—	—	12.5	—	—	1.3	2.0	3.5	1.5	
河南 2	63	—	24	—	—	—	5.0	—	0.9	2.0	0.5	—	—	—
河南 3	62.5	—	12.0	12.5	4.0	—	1.5	—	1.0	2.0	0.7	—	—	—
重庆 1	67.3	4.0	6.8	—	6.2	4.0	6.3	—	—	—	—	—	—	—
重庆 2	34.0	20.0	3.0	—	33.3	6.8	0.5	—	—	2.4	—	—	—	—
重庆 3	53.31	5.79	6.55	—	13.54	8.46	2.58	6.46	0.67	2.18	—	—	—	0.26
遵义 1	69.0	—	11.5	—	4.5	3.0	3.0	3.0	—	1.8	—	—	—	—
遵义 2	68.5	—	11.5	—	4.5	—	3.9	4.0	1.0	2.0	0.7	—	1.5	—
煤下高硫 1	43.0	—	6.0	25.0	11.0	1.0	6.0	—	1.0	3.0	1.0	1.0	—	2.0
煤下高硫 2	59.0	—	4.0	19.0	9.0	1.6	2.0	—	1.0	1.8	0.6	1.0	—	1.0
煤下高硫 3	67.0	—	1.5	16.0	4.0	3.0	2.3	—	—	2.5	0.6	—	—	—
煤下高硫 4	66.0	—	4.5	11.0	6.0	2.0	1.0	—	—	2.1	1.0	—	—	—

注：XRD 半定量分析结果

硫铝土矿中，硫大部分是以黄铁矿形态存在，分布最广，以黄铁矿的异构体白铁矿和胶黄铁矿存在分布较少，而且多数呈胶质态，胶黄铁矿和胶黄铁矿-黄铁矿的过渡型变体，另有部分以石膏等硫酸盐矿物、磁黄铁矿、陨硫铁（FeS）、铜和锌的硫化物矿物等形式存在[21]。

刘战伟等人[22]分别对贵州的高硫铝土矿 A 和高硫铝土矿 B 进行了 X 射线衍射分析，分析结果如图 1.6 所示。高硫铝土矿 A 和 B 均含有大量的一水硬铝石（AlOOH）和少量锐钛矿（TiO_2），其中 B 矿含一水硬铝石和锐钛矿更多，A 矿含有大量黄铁矿（FeS_2）和少量四水白铁矾（$FeSO_4 \cdot 4H_2O$），而 B 矿中含硫形态主要是石膏（$CaSO_4 \cdot 2H_2O$）。除此之外，B 矿还含有少量的白云母（$KAl_3Si_3O_{10}(OH)_2$）、高岭石（$Al_2Si_2O_5(OH)_4$）、多硅白云母（$KAl_2Si_3O_{10}(OH)_2$）等矿物。

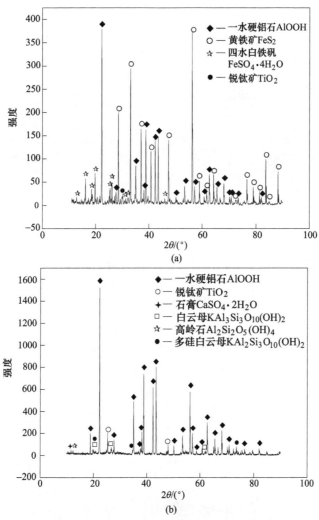

图 1.6 高硫铝土矿的 X 射线衍射分析结果

（a）A 矿；（b）B 矿

1.3.2　高硫铝土矿形貌

吕国志等人[23]对一水硬铝石型高硫铝土矿做了形貌观察，如图 1.7（a）所示，可以看出一水硬铝石结晶比较致密，界面条纹明显。胡小莲等人[24]对主要含黄铁矿的高硫铝土矿进行扫描电镜分析，结果如图 1.7（b）所示，中央大块团聚物为黄铁矿，周边较小一些的颗粒是一水硬铝石矿物，并且从图 1.7（b）中可以看出，这种高硫铝土矿中黄铁矿的晶体呈立方体状态，以大小不等的颗粒堆积成团状，表面存在较多孔洞。目前对于高硫铝土矿中硫酸盐型的硫的形貌研究较少。

图 1.7　高硫铝土矿的形貌特征

刘战伟等人[22]为研究分别富含黄铁矿和石膏的高硫铝土矿 A 和 B 的形态及其形貌特征，对两种矿石进行了 SEM 形貌观察，并进行 EDS 分析，结果如图 1.8~图 1.10 所示。可以看出，高硫铝土矿 A 中富含大量黄铁矿，且黄铁矿与一

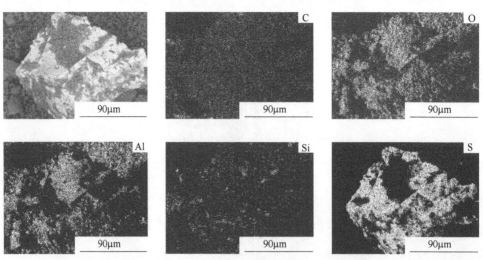

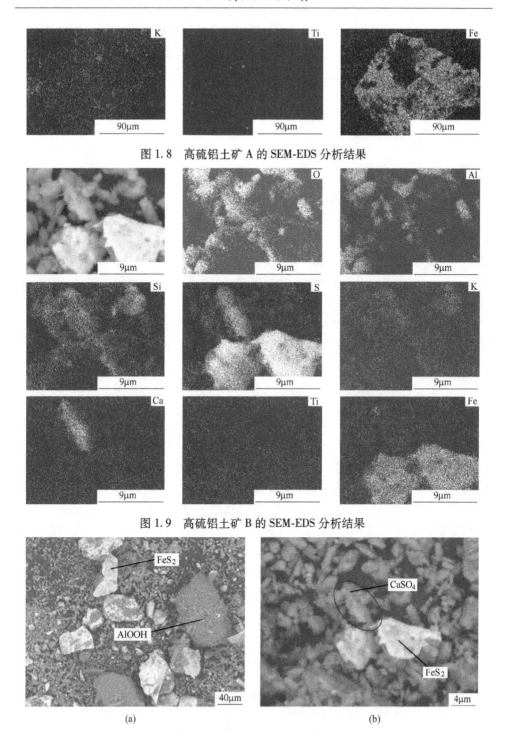

图 1.8 高硫铝土矿 A 的 SEM-EDS 分析结果

图 1.9 高硫铝土矿 B 的 SEM-EDS 分析结果

图 1.10 高硫铝土矿 SEM 图

(a) A 矿；(b) B 矿

水硬铝石共伴生，大量黄铁矿存于一水硬铝石表面。高硫铝土矿 B 主要富含石膏及黄铁矿，石膏形态与一水硬铝石形貌相似，在 B 矿中独立存在。

1.3.3　高硫铝土矿主要矿石结构

高硫铝土矿中主要研究的矿石是作为精矿的一水硬铝石及需要浮选除掉的黄铁矿、白铁矿和磁黄铁矿。

1.3.3.1　一水硬铝石

一水硬铝石的化学式为 $Al_2O_3 \cdot H_2O$ 或 $\alpha\text{-AlOOH}$，理论含量 Al_2O_3 84.98%，H_2O 15.02%。一水硬铝石具有链状结构基型，属斜方晶系，晶胞参数：$a_0 =$ 0.441nm，$b_0 = 0.940$nm、$c_0 = 0.284$nm。在一水硬铝石中，氧原子做六方最紧密堆积，最紧密堆积层垂直 a 轴，斜方晶系晶胞的 a_0 等于氧原子层间距的 2 倍，阳离子 Al^{3+} 位于八面体空隙中，铝的配位数为 6，氧的配位数为 3。$[Al^{3+}(O \cdot OH)]_6$ 八面体组成的双链构成折线形链，链平行于 c 轴延伸，双链间以角顶相连，链内八面体共棱联结。一水硬铝石电负性中等，由于—OH 存在，键力较弱，与其相邻阳离子的距离增大，所以垂直 c 轴的平面上氧原子间有H—OH键，由于 H 分布不对称，O—H—O 为折线状。

1.3.3.2　黄铁矿

黄铁矿是高硫铝土矿中主要的硫化矿，主要呈他形晶粒状结构，部分呈半自形晶粒状结构。连生体为主，解离度约20%，嵌布粒度主要为 0.02~0.1mm。

黄铁矿的硫铁摩尔比为 2:1，自然黄铁矿的硫铁比值经常偏离化学计量比 2:1，形成非化学计量的黄铁矿。理想黄铁矿的电子结构单胞模型及理论计算硫空位和铁空位模型如图 1.11 所示[25]。空位缺陷主要影响黄铁矿费米能级附近的电子能带结构，并在禁带中出现了新能级；另外，空位的存在使黄铁矿费米能级升高，电子活性降低，不利于黄药的吸附，降低黄铁矿的可浮性。

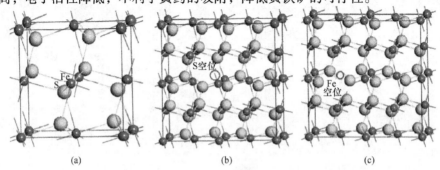

图 1.11　黄铁矿单胞模型及 2×2×1 硫空位和铁空位超晶胞模型
(a) Fe_4S_8；(b) $Fe_{16}S_{31}$；(c) $Fe_{15}S_{32}$

2 硫对拜耳法氧化铝生产过程的危害

2.1 硫对氧化铝产品质量的危害

二价和三价铁的羟基硫化物的复杂配合物可以转化为高度分散的氧化亚铁，不会在赤泥分离过程中进入赤泥，因此溶液中的铁逐渐积累，导致铝酸钠溶液呈墨绿色。

在实际生产中，当铝土矿中硫含量大于0.3%时，精液颜色逐渐变深，以至浑浊。精液在常温放置1~2h后将会变成墨绿色，如图2.1所示。

彩图

图 2.1 硫对精液颜色的影响
1—正常颜色的精液；2—在常温放置1~2h后变成墨绿色的精液

当精液中铁浓度达到一定时，铁在分解过程中析出，造成氢氧化铝污染。而且生产的氢氧化铝（见图2.2左）颜色变绿，甚至变成墨绿色，同时造成成品氧化铝中铁含量增加。

彩图

图 2.2　硫对氢氧化铝和氧化铝产品的影响

综上所述，铝土矿中的硫在拜耳法溶出过程中造成铁以羟基配合物的形式进入铝酸钠溶液，并会转化为高度分散的氧化亚铁进入产品，导致氧化铝产品中铁杂质含量升高。

2.2　硫对氧化铝生产设备的危害

铝酸钠溶液中的含硫化合物能腐蚀钢铁设备，这在蒸发器中的热交换管中尤为明显。硫化钠、二硫化钠和硫代硫酸钠是铝酸钠溶液中与铁反应的活性物质，而亚硫酸钠和硫酸钠则是惰性物质。硫化钠与铁反应生成可溶性的硫代铁络合物，破坏了钢铁表面的钝化膜，使其转变成活化状态。二硫化钠和硫代硫酸钠与金属铁反应，把铁氧化成二价铁，促进了硫代络合物的生成。因此，不同形态的硫在溶液中的综合作用，大大加速了钢在铝酸钠溶液中的腐蚀过程。应该注意到，当硫代硫酸钠和二硫化钠浓度较高时（$S_2O_3^{2-}$ 形态的 S 大于 20g/L，S_2^{2-} 形态的 S 大于 0.5g/L），会在设备表面上生成 Fe_3O_4 保护膜，防止腐蚀。

某公司 2009 年 9 月开始在氧化铝生产用铝土矿中混入部分高硫铝土矿，入磨铝土矿中硫的含量平均为 0.2%，最高硫含量达到 2.2%，有 1/4 的时间入磨铝土矿含硫量在 0.5% 以上。从 2009 年 11 月开始溶出的套管预热器、过料管和阀门等设备暴发性地出现鱼鳞状腐蚀现象，如图 2.3 所示。

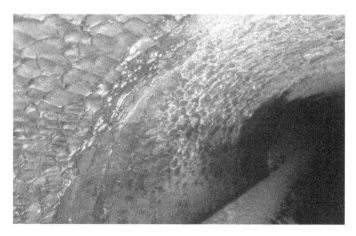

图 2.3 管道内壁的鱼鳞状腐蚀图

2.3 硫对氧化铝工厂产能的危害

2.3.1 硫对分解产出率的影响

铝酸钠溶液中的 Na_2SO_4 对种子分解不利，降低分解率。

某公司矿石中混入高硫铝土矿后，种子分解产出率在分解温度、固含、种子比表面积、溶液过饱和度等分解制度非常稳定的情况下，分解产出率持续下降，变化情况如图 2.4 所示。

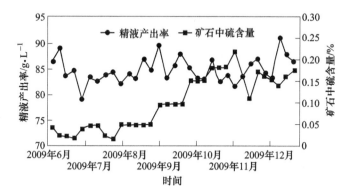

图 2.4 精液产出率与矿石中的硫含量随月份变化的趋势图

2.3.2 硫对排盐苛化的影响

矿石中的硫最终都会转化成 Na_2SO_4。当硫酸钠在氧化铝生产流程中积累到一定数量时，就必须从溶液中排除，否则会造成高压溶出和蒸发的闪蒸系统的出料管结疤、堵塞等。少量的硫酸钠可以通过排除碳酸盐时从蒸发排盐系统排除，但大量的硫酸钠盐将导致排盐系统形成瓶颈，影响整个工厂的产能。

此外，铝酸钠溶液中的硫含量过高也对原矿浆的磨制不利，而且还会出现赤泥沉降性能变坏、结疤加剧等问题。所有这些危害都是众所周知的。因此，对国内氧化铝生产工业来讲，寻求低成本、操作简单、效果好，又能满足拜耳法生产工艺要求的除硫方法，已是我国氧化铝生产中的新课题。

3　高硫铝土矿中主要硫矿物的溶出行为

3.1　热力学理论计算

采用 FactSage 7.0 或 HSC Chemistry 6.0 热力学软件对高硫铝土矿中富含的黄铁矿、石膏和四水白铁矾进行溶出热力学计算，研究了含硫铝酸钠溶液中不同价态硫的稳定情况，最后对高硫铝土矿溶出生成的不同高价硫分别采用 C、Fe、Al、Zn 进行还原热力学计算，为后续高硫铝土矿硫、铁溶出行为研究提供理论基础，为高硫铝土矿湿法还原脱硫实验作指导。

3.1.1　高温反应自由能的计算

高温水溶液中热力学数据还很少，$G_T^{\ominus}$ 的实验数据也不足，通常根据理论进行推算。在高于 298K 下，任何反应的 $\Delta G_T^{\ominus}$ 均可以通过式（3.1）进行计算[26,27]。

$$G_T^{\ominus} = H_T^{\ominus} - TS_T^{\ominus} \tag{3.1}$$

式中　$G_T^{\ominus}$——物质在 T K 下的标准摩尔吉布斯自由能，J/mol；

$\quad\quad H_T^{\ominus}$——物质在 T K 下的标准摩尔生成热，J/mol；

$\quad\quad S_T^{\ominus}$——物质在 T K 下的标准摩尔绝对熵，J/(K·mol)；

若有相变，则

$$H_T^{\ominus} = H_{298.15}^{\ominus} + \sum\int_{298.15}^{T} C_p^{\ominus}(T)\,\mathrm{d}T + \sum\Delta H_t \tag{3.2}$$

式中　$H_{298.15}^{\ominus}$——物质在 298.15K 下的标准摩尔生成热，J/mol；

$\quad\quad C_p^{\ominus}(T)$——物质的摩尔热容与温度的关系函数，J/(mol·K)；

$\quad\quad \Delta H_t$——物质的摩尔相变热，J/mol；

若无相变，则

$$H_T^{\ominus} = H_{298.15}^{\ominus} + \int_{298.15}^{T} C_p^{\ominus}(T)\,\mathrm{d}T \tag{3.3}$$

$$S_T^{\ominus} = S_{298.15}^{\ominus} + \sum\int_{298.15}^{T} C_p^{\ominus}(T)\,\mathrm{d}(\ln T) + \sum_t \frac{\Delta H_t}{T} \tag{3.4}$$

式中　$\Delta S_{298.15}^{\ominus}$——物质在 298.15K 下的标准摩尔绝对熵，J/(mol·K)；

$\quad\quad C_p^{\ominus}(T)$——物质的摩尔热容与温度的关系函数；

$$C_p^{\ominus} = A + B \times 10^{-3}T + C \times 10^5 T^{-2} + D \times 10^{-6} T^2 \tag{3.5}$$

对于水溶液的离子，利用离子熵对应原理与线性离子热容近似法而得到，即式（3.5）中：$A=0$，$C=0$，$D=0$，则：

$$C_p^{\ominus} = B \times 10^{-3}T \tag{3.6}$$

$$B = a_2 + b_2 \bar{S}_{298.15}^{\ominus} \tag{3.7}$$

对于反应的化学反应吉布斯自由能计算：

$$\Delta G_T^{\ominus} = \sum_i \nu_i C_{iT}^{\ominus} \tag{3.8}$$

式中　$\Delta G_T^{\ominus}$——物质在 T K 下的反应标准摩尔吉布斯自由能，J/mol。

　　　　ν_i——计量系数，生成物取 "+"，反应物取 "−"。

对于反应：$aA + bB = dD + hH$，利用化学反应等温方程（3.9），计算得到化学反应平衡常数 $J^{\ominus}$。

$$\Delta_r G_m(T) = - RT \ln K_T^{\ominus} + RT \ln J^{\ominus} \tag{3.9}$$

其中

$$J^{\ominus} = \frac{a_D^d \cdot a_H^h}{a_A^a \cdot a_B^b} \tag{3.10}$$

式中　　$\Delta_r G_m(T)$——温度 T K 下，化学反应摩尔吉布斯自由能，J/mol；

　　　　$K_T^{\ominus}$——标准态下化学反应平衡常数；

　　　　R——摩尔气体常数，8.314J/（K·mol）；

　　　　$J^{\ominus}$——化学反应平衡常数；

a_A^a，a_B^b，a_D^d，a_H^h——反应物和生成物的活度。

3.1.2　φ-pH 图的绘制

电位-pH 图的绘制需先确定体系，再列出化学反应，确定溶液中物质的活度，计算出标准吉布斯自由能，再根据公式进行计算电极电位，得到电位 φ 和 pH 值的关系，最后绘制得到 φ-pH 图[28]。化学反应根据有无电子、H^+ 参与反应分为三类：（1）有 H^+，无电子转移；（2）有电子转移，无 H^+；（3）有电子转移，有 H^+ 参加。电极电位的公式推导如下。

对于化学反应：

$$aA + nH^+ + ze = bB + cH_2O$$

$$\Delta_r G_m = \Delta_r G_m^{\ominus} + RT \ln \frac{a_B^b}{a_A^a \cdot a_{H^+}^n} \tag{3.11}$$

$$\Delta_r G_m = - z\varphi F \tag{3.12}$$

$$\Delta_r G_m^{\ominus} = - z\varphi^{\ominus} F \tag{3.13}$$

$$\varphi = - \frac{\Delta_r G_m^{\ominus}}{zF} - \frac{RT}{zF}\ln \frac{a_B^b}{a_A^a} - \frac{2.303nRT}{zF}\text{pH} \tag{3.14}$$

式中　z——化学反应得失电子数；

　　　F——法拉第常数，96484.5C/mol；

　　　$\varphi^{\ominus}$——以标准氢电极为参考电极的标准电极电位，V。

　　　φ——电极电位，V。

3.2　黄铁矿、石膏、四水白铁矾溶出热力学计算

针对高硫铝土矿中硫形态主要为黄铁矿、石膏、四水白铁矾，采用 FactSage 7.0 或 HSC Chemistry 6.0 热力学软件分别对黄铁矿、石膏、四水白铁矾在碱液中的反应进行标准吉布斯自由能计算，绘制得到 $\Delta G^{\ominus}$-T 图，对 FeS_2-H_2O、$CaSO_4$-H_2O、$FeSO_4$-H_2O 三个体系在 523K 下绘制 φ-pH 图，分析黄铁矿、石膏、四水白铁矾的溶出行为。

3.2.1　黄铁矿溶出反应标准吉布斯自由能计算

高硫铝土矿主要含硫的形态是黄铁矿，黄铁矿可能会与碱液发生不同的反应，见表 3.1。根据不同的化学反应，采用 FactSage 7.0 软件对反应标准吉布斯自由能进行计算，并绘制得到 $\Delta G^{\ominus}$-T 图，如图 3.1 所示。

表 3.1　黄铁矿与碱液的相关化学反应

化学反应方程式	序号
$FeS_2(s)+3OH^-(aq)=\!=\!=1/2Fe_2O_3(s)+S^{2-}(aq)+1/2S_2^{2-}(aq)+3/2H_2O(l)$	(1)
$FeS_2(s)+8/3OH^-(aq)=\!=\!=1/3Fe_3O_4(s)+2/3S^{2-}(aq)+2/3S_2^{2-}(aq)+4/3H_2O(l)$	(1')
$FeS_2(s)+3OH^-(aq)=\!=\!=1/2Fe_2O_3(s)+3/2S^{2-}(aq)+1/2S(s,l)+3/2H_2O(l)$	(2)
$FeS_2(s)+8/3OH^-(aq)=\!=\!=1/3Fe_3O_4(s)+4/3S^{2-}(aq)+2/3S(s,l)+4/3H_2O(l)$	(2')
$FeS_2(s)+15/4OH^-(aq)=\!=\!=1/2Fe_2O_3(s)+7/4S^{2-}(aq)+1/8S_2O_3^{2-}(aq)+15/8H_2O(l)$	(3)
$FeS_2(s)+11/3OH(aq)^-=\!=\!=1/3Fe_3O_4(s)+5/3S^{2-}(aq)+1/6S_2O_3^{2-}(aq)+11/6H_2O(l)$	(3')
$FeS_2(s)+4OH^-(aq)=\!=\!=1/2Fe_2O_3(s)+11/6S^{2-}(aq)+1/6SO_3^{2-}(aq)+2H_2O(l)$	(4)
$FeS_2(s)+4OH^-(aq)=\!=\!=1/3Fe_3O_4(s)+16/9S^{2-}(aq)+2/9SO_3^{2-}(aq)+2H_2O(l)$	(4')
$FeS_2(s)+4OH^-(aq)=\!=\!=1/2Fe_2O_3(s)+15/8S^{2-}(aq)+1/8SO_4^{2-}(aq)+2H_2O(l)$	(5)
$FeS_2(s)+4OH^-(aq)=\!=\!=1/3Fe_3O_4(s)+11/6S^{2-}(aq)+1/6SO_4^{2-}(aq)+2H_2O(l)$	(5')
$FeS_2(s)+2OH^-(aq)=\!=\!=Fe(OH)_2(s)+S_2^{2-}(aq)$	(6)
$Fe(s)+S_2O_3^{2-}(aq)+2OH^-(aq)=\!=\!=S^{2-}(aq)+SO_4^{2-}(aq)+Fe(OH)_2(s)$	(7)
$Fe(OH)_2+Na_2S_2+2H_2O=\!=\!=Na_2[FeS_2(OH)_2]\cdot 2H_2O$	(8)
$Fe_2O_3+2Na_2S+5H_2O=\!=\!=Na_2[FeS_2(OH)_2]\cdot 2H_2O+Fe(OH)_2+2NaOH$	(9)
$FeS_2+2NaOH+2H_2O=\!=\!=Na_2[FeS_2(OH)_2]\cdot 2H_2O$	(10)

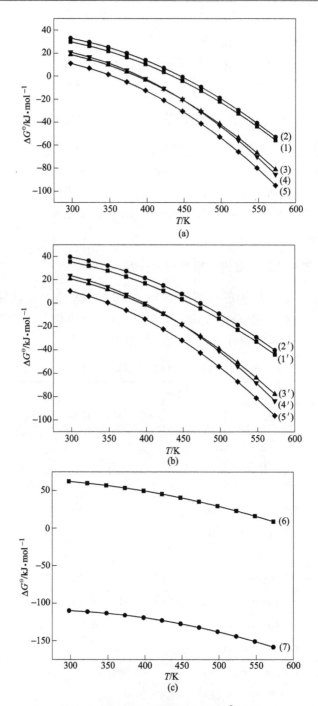

图 3.1   黄铁矿与碱液反应的 $\Delta G^{\ominus}$-T 图

（图中反应对应表 3.1）

（a）生成 Fe$_2$O$_3$；（b）生成 Fe$_2$O$_3$；（c）其他

从图 3.1 中可以看出，黄铁矿与碱溶液会生成 Fe_2O_3 和 Fe_3O_4，同时也生成了不同价态的硫单质及其化合物。当生成同种价态的硫时，黄铁矿溶出生成 Fe_2O_3 和 Fe_3O_4 的标准吉布斯自由能值相近。且从图 3.1（a）或（b）中可以得到，反应均生成了 S^{2-} 和其他价态的硫，根据反应的标准吉布斯自由能越负，反应越容易发生的原则，得到不同价态硫的生成容易顺序为：$SO_4^{2-} > SO_3^{2-} > S_2O_3^{2-} > S_2^{2-} > S$。在 523K 下，表 3.1 的黄铁矿与碱液的反应中，$\Delta G^{\ominus}$ 最小的是表 3.1 反应（5′），$\Delta G^{\ominus} = -67.09kJ/mol$。

表 3.1 反应（6）在 298~573K 下，其 $\Delta G^{\ominus}$ 值均为正值，因此较难发生。表 3.1 反应（7）为 $Na_2S_2O_3$ 腐蚀设备的反应原理，在 523K 下，其反应 $\Delta G^{\ominus} = -144.12kJ/mol$，因此较容易发生。由于缺乏 $Na_2[FeS_2(OH)_2] \cdot 2H_2O$ 化合物的热力学数据，采用文献 [29] 的热力学估算结果：在 298~573K 温度条件下，表 3.1 中反应（8）难以反应，反应（9）很容易进行。表 3.1 中反应（10）为反应（6）和反应（8）的简单加和，因此反应仍难以进行。可以得到主要是由 Fe_2O_3 和 Na_2S 反应产生的 $Na_2[FeS_2(OH)_2] \cdot 2H_2O$。$Na_2[FeS_2(OH)_2] \cdot 2H_2O$ 溶解度较高，其进入铝酸钠溶液是导致氧化铝产品污染的主要因素。

3.2.2 石膏溶出反应标准吉布斯自由能计算

根据高硫铝土矿中的物相形态，除大部分的黄铁矿以外，还含有少量的硫酸盐，如石膏、四水白铁矾等矿物。石膏可能与碱液发生的化学反应见表 3.2，根据不同的化学反应，采用 FactSage 7.0 软件对反应标准吉布斯自由能进行计算，并绘制得到 $\Delta G^{\ominus}$-T 图，如图 3.2 所示。

表 3.2 石膏与碱液的相关化学反应

化学反应方程式	序号
$CaSO_4 \cdot 2H_2O(s) === CaSO_4(s) + 2H_2O(l)$	（1）
$CaSO_4(s) + 2OH^-(aq) === Ca(OH)_2(s) + SO_4^{2-}(aq)$	（2）
$CaSO_4 \cdot 2H_2O(s) + 2OH^-(aq) === Ca(OH)_2(s) + SO_4^{2-}(aq) + 2H_2O(l)$	（3）
$4Ca(OH)_2 + 2NaAlO_2 + Na_2SO_4 + 10H_2O === 3CaO \cdot Al_2O_3 \cdot CaSO_4 \cdot 12H_2O + 4NaOH$	（4）
$6Ca(OH)_2 + 2NaAlO_2 + 3Na_2SO_4 + 29H_2O === 3CaO \cdot Al_2O_3 \cdot 3CaSO_4 \cdot 31H_2O + 8NaOH$	（5）

从石膏与碱液反应的 $\Delta G^{\ominus}$-T 图中可以看出，和黄铁矿反应热力学数据相比，和碱液反应较难。在溶出温度 523K 下，$\Delta G^{\ominus}$（表 3.2 反应（1））= -13.39kJ/mol，$\Delta G^{\ominus}$（表 3.2 反应（2））= -14.72kJ/mol，$\Delta G^{\ominus}$（表 3.2 反应（3））= -28.11kJ/mol。在 298~573K 下，石膏能与碱液直接发生反应，其标准吉布斯自由能最负。

表 3.2 中反应（4）和反应（5）中的复杂化合物热力学数据较少，兰军[30]

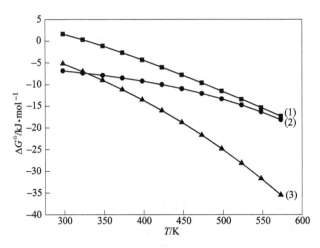

图 3.2   石膏与碱液反应的 $\Delta G^{\ominus}$-T 图
(图中反应对应表 3.2)

采用温元凯算法计算得到 $3CaO \cdot Al_2O_3 \cdot CaSO_4 \cdot 12H_2O$ 和 $3CaO \cdot Al_2O_3 \cdot 3CaSO_4 \cdot 31H_2O$ 的标准吉布斯自由能，然后得到 298K 下，$\Delta G^{\ominus}$（表 3.2 反应 (4)） = −195.265kJ/mol，$\Delta G^{\ominus}$（表 3.2 反应 (5)） = −187.725kJ/mol。由 $\Delta G^{\ominus}$（表 3.2 反应 (4)） < $\Delta G^{\ominus}$（表 3.2 反应 (5)）而得到，生成一元型含水硫铝酸钙趋势更大。但生成三元型含水硫铝酸钙更有利于提高脱硫效率，降低铝损失而提高氧化铝溶出率。

3.2.3   四水白铁矾溶出反应标准吉布斯自由能计算

黄铁矿会因为受化学风化作用，被氧化成不同种类的硫酸铁矿物[31,32]，如四水白铁矾（$FeSO_4 \cdot 4H_2O$）、叶绿矾（$Fe^{2+}Fe_4^{3+}(SO_4)_6(OH)_2 \cdot 20H_2O$）等，氧化反应如反应式 (3.15) 和式 (3.16) 所示。

$$2FeS_2 + 7O_2 + 10H_2O \Longrightarrow 2(FeSO_4 \cdot 4H_2O) + 2H_2SO_4 \qquad (3.15)$$

$$5FeS_2 + 37/2O_2 + 25H_2O \Longrightarrow Fe^{2+}Fe_4^{3+}(SO_4)_6(OH)_2 \cdot 20H_2O + 4H_2SO_4$$
$$(3.16)$$

高硫铝土矿中存在黄铁矿，因而也可能会发生化学风化作用，生成不同种类的硫酸盐矿物。本节主要对四水白铁矾进行溶出热力学分析，四水白铁矾与碱液发生的化学反应见表 3.3，由于缺乏四水白铁矾的热力学数据，采用 HSC Chemistry 6.0 软件进行四水白铁矾溶出反应的标准吉布斯自由能计算，绘制得到 $\Delta G^{\ominus}$-T 图，如图 3.3 所示。

表 3.3 四水白铁矾与碱液的相关化学反应

化学反应方程式	序号
$FeSO_4 \cdot 4H_2O(s) = FeSO_4(s) + 4H_2O(l)$	(1)
$FeSO_4(s) + 2OH^-(aq) = Fe(OH)_2(s) + SO_4^{2-}(aq)$	(2)
$FeSO_4 \cdot 4H_2O(s) + 2OH^-(aq) = Fe(OH)_2(s) + SO_4^{2-}(aq) + 4H_2O(l)$	(3)

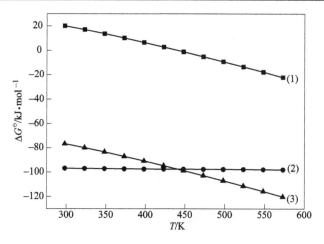

图 3.3 四水白铁矾与碱液反应的 $\Delta G^\ominus$-T 图

(图中反应对应表 3.3)

从四水白铁矾与碱液反应的 $\Delta G^\ominus$-T 图中可以看出，$FeSO_4 \cdot 4H_2O$ 会发生分解生成 $FeSO_4$ 和水，然后 $FeSO_4$ 再与碱液反应生成 $Fe(OH)_2$，也会直接与碱液发生溶解，与碱液的反应较 $FeSO_4 \cdot 4H_2O$ 分解的反应更容易。在溶出温度 523K 下，$\Delta G^\ominus$（表 3.3 反应（1））= -13.46kJ/mol，$\Delta G^\ominus$（表 3.3 反应（2））= -97.82kJ/mol，$\Delta G^\ominus$（表 3.3 反应（3））= -111.28kJ/mol。

3.2.4 FeS_2-H_2O 系、$CaSO_4$-H_2O 系和 $FeSO_4$-H_2O 系的 φ-pH 图

采用 FactSage 7.0 软件分别对 FeS_2-H_2O 系、$CaSO_4$-H_2O 系和 $FeSO_4$-H_2O 系绘制 φ-pH 图[33]，结果分别如图 3.4~图 3.6 所示。可以看出，黄铁矿在碱性溶液中，生成 Fe_2O_3、Fe_3O_4、$FeSO_4$ 及 $Fe_2(SO_4)_3$。黄铁矿在氧化条件下，可以得到 FeS 或 Fe 单质。

石膏可与碱液反应生成 $Ca(OH)_2$，也可以发生氧化还原反应，生成 CaO_2、CaS 沉淀。在碱度较高的情况下，石膏生成 CaS 较难；对于生成 CaO_2，其反应 φ 为正，难以发生；且两者均会水解而生成 $Ca(OH)_2$。

$$CaS + 2H_2O = Ca(OH)_2 + H_2S\uparrow \qquad (3.17)$$

$$2CaO_2 + 2H_2O = 2Ca(OH)_2 + O_2\uparrow \qquad (3.18)$$

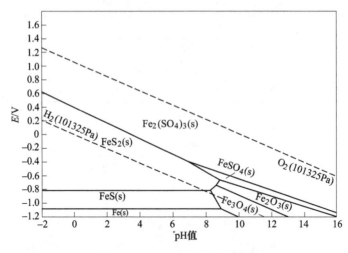

图 3.4 FeS_2-H_2O 系的 φ-pH 图

($T=523K$, $\lg c_{S^{2-}}=-2$, $c_{S^{2-}}=0.01mol/L$)

因此在碱浓度较高的水溶液中，石膏最终将以 $Ca(OH)_2$ 形式存在。而在铝酸钠溶液中，由于 Al_2O_3 的存在，$Ca(OH)_2$ 将发生表 3.2 中反应（4）、反应（5）而最终以含水硫铝酸钙化合物进入赤泥。

$FeSO_4$ 在酸性条件下发生氧化还原反应生成 Fe_2O_3，在铝酸钠溶液中，$FeSO_4$ 不会发生反应生成 Fe_2O_3、Fe_3O_4，也不会生成不同价态的硫单质及其化合物。

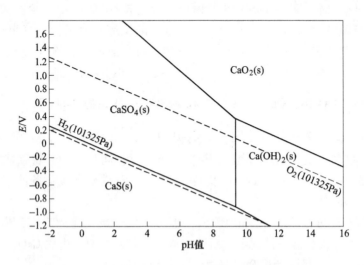

图 3.5 $CaSO_4$-H_2O 系的 φ-pH 图

($T=523K$, $\lg c_{SO_4^{2-}}=-2$, $c_{SO_4^{2-}}=0.01mol/L$)

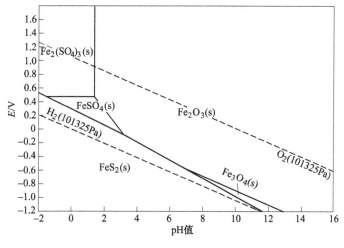

图 3.6 $FeSO_4$-H_2O 系的 φ-pH 图

(T = 523K, $\lg c_{SO_4^{2-}}$ = -2, $c_{SO_4^{2-}}$ = 0.01mol/L)

3.3 高硫铝土矿溶出过程硫溶出动力学研究

3.3.1 高硫铝土矿溶出反应模型分析

高硫铝土矿溶出过程中，目的是将其中的氧化铝充分溶解而进入铝酸钠溶液中，因此，研究高硫铝土矿中的氧化铝、硫在溶出过程中的行为，是提高氧化铝生产效率和降低成本的关键。本节主要对高硫铝土矿溶出过程中氧化铝及硫溶出率的宏观动力学进行研究，来确定氧化铝溶出率、硫溶出率的反应动力学模型及动力学参数，为高硫铝土矿溶出反应提供理论依据。

高硫铝土矿溶出过程就是铝土矿与铝酸钠溶液进行反应的过程，这种反应属于液-固多相反应。反应效率与反应温度、反应物浓度和固相物表面积等因素有关[34]。液-固相非催化反应最常见的动力学模型为收缩未反应核模型，而收缩未反应核模型又可分为颗粒不变的缩核模型和粒径缩小的缩核模型。在高硫铝土矿溶出的反应过程中，其反应动力学模型属于收缩未反应核模型中的粒径缩小缩核模型（见图3.7），这种模型的特点是在反应过程中，反应物颗粒不断缩小，无固相产物，产物溶于溶液。

高硫铝土矿溶出过程的反应步骤包括：液体边界层扩散、固膜扩散和界面化学反应等几个反应阶段[35,36]。假设中和反应是一级反应，溶剂浓度为 c，物料颗粒为球状。在浸出开始时，颗粒半径为 r_0，表面积为 S_0，物料质量为 W_0，摩尔体积为 V_m，相对分子质量为 M_r，密度为 ρ，经过反应时间 t 后，浸出率为 x，质量为 W，表面积为 S，颗粒半径为 r，体积为 V，n 为未反应物料中的物质的量[34]。

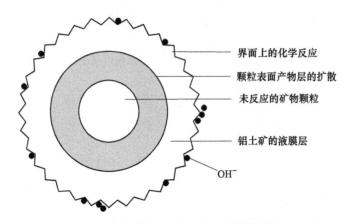

图 3.7　高硫铝土矿粒径缩小缩核模型图

物料颗粒表面积：

$$S = 4\pi r^2 \tag{3.19}$$

由式（3.19）得：

$$\frac{S}{S_0} = \left(\frac{r}{r_0}\right)^2 \tag{3.20}$$

物料颗粒质量：

$$W = V\rho = \frac{4}{3}\pi r^3 \rho \tag{3.21}$$

由式（3.21）可得：

$$\frac{W}{W_0} = \left(\frac{r}{r_0}\right)^3 \tag{3.22}$$

因此，求得反应溶出率为：

$$x = 1 - \frac{W}{W_0} = 1 - \left(\frac{r}{r_0}\right)^3 \tag{3.23}$$

即：

$$1 - x = \left(\frac{r}{r_0}\right)^3 \tag{3.24}$$

式（3.24）两边各开 2/3 次方可得：

$$(1 - x)^{\frac{2}{3}} = \left(\frac{r}{r_0}\right)^2 \tag{3.25}$$

对式（3.25）求导可得：

$$\frac{\mathrm{d}x}{\mathrm{d}t} = \frac{3r^2}{r_0^3} \cdot \frac{\mathrm{d}r}{\mathrm{d}t} \tag{3.26}$$

在液-固溶出反应中，化学反应速率正比于物料颗粒的表面积 S 和溶剂浓度 c，以单位时间物料中物质的量的变化来表示溶出反应速率时，可得：

$$\frac{\mathrm{d}n}{\mathrm{d}t} = -k_T bSc = -k_T b \cdot 4\pi r^2 c \tag{3.27}$$

式中 $-k_T$——当温度不变时，溶出化学反应速率常数；

b——化学计量系数。

$$n = \frac{4\pi r^3}{3V_m} = \frac{4}{3}\pi r^3 \frac{\rho}{M_r} \tag{3.28}$$

对式（3.28）求导可得：

$$\frac{\mathrm{d}n}{\mathrm{d}t} = 4\pi r^2 \frac{\rho}{M_r} \frac{\mathrm{d}r}{\mathrm{d}t} \tag{3.29}$$

将式（3.27）代入式（3.29）可得：

$$\frac{\mathrm{d}r}{\mathrm{d}t} = -k_T c \frac{M_r b}{\rho} \tag{3.30}$$

式（3.30）代入式（3.25）后，再用式（3.24）代入可得：

$$\frac{\mathrm{d}x}{\mathrm{d}t} = 3k_T c \frac{r^2}{r_0^3} \frac{M_r b}{\rho} = 3k_T c \left(\frac{r}{r_0}\right)^2 \frac{M_r b}{r_0 \rho} \tag{3.31}$$

当溶出过程中溶剂浓度不变时，$3k_T c \dfrac{r^2}{r_0^3} \dfrac{M_r b}{\rho}$ 为一个常数，对式（3.31）两边积分可得：

$$1 - (1-x)^{1/3} = k_T ct \frac{M_r b}{r_0 \rho} \tag{3.32}$$

即：

$$1 - (1-x)^{1/3} = kt \tag{3.33}$$

式中 k——化学反应速度常数。

在界面化学反应控制的条件下，反应的表观活化能一般可达到 40 ~ 300kJ/mol[36]。

3.3.2 高硫铝土矿溶出过程硫溶出动力学研究

在溶出反应温度为 473~533K 时，测定了不同反应时间的硫溶出率，结果如图 3.8 所示。

用界面化学反应控制模型 $1-(1-x)^{1/3} = kt$ 对硫溶出率数据进行线性拟合时，具有良好的线性相关性。硫溶出率与反应时间数据进行线性拟合如图 3.9 所示。

图 3.9 中的直线方程为 $1-(1-x)^{1/3} = kt$，因此，可以通过图 3.9 中的直线斜率求出溶出过程反应的速率常数 k，结果见表 3.4。

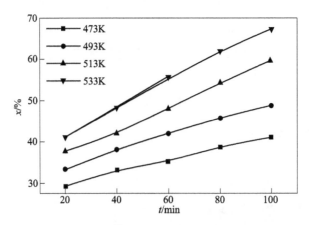

图 3.8　不同溶出温度下硫溶出率与时间的关系

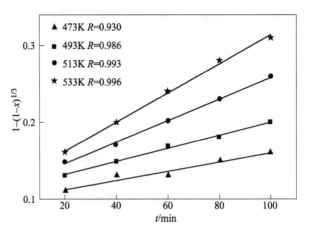

图 3.9　$1-(1-x)^{1/3}$ 与反应时间的关系

表 3.4　不同溶出温度下硫溶出率反应速率常数 k

溶出温度/K	速率常数/min^{-1}
473	0.930
493	0.986
513	0.993
522	0.996

依据阿累尼乌斯方程：

$$k = A \cdot e^{\frac{-E_a}{RT}} \tag{3.34}$$

$$\ln k = \ln A - \frac{-E_a}{R} \cdot \frac{1}{T} \tag{3.35}$$

式中 k——速率常数，$\min^{-1}$；

   A——频率因子，S^{-1}；

   E_a——表观活化能，J/mol；

   R——理想气体常数，$J/(mol \cdot K)$；

   T——绝对温度，K。

分别以 $\ln k$ 对 T^{-1} 作图，如图 3.10 所示，呈现出较好的线性关系，相关系数 R 为 0.988，所得直线斜率为 -4987.17。

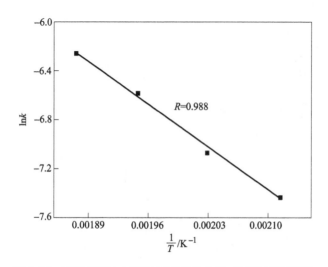

图 3.10 硫溶出率 k 与溶出温度 T 的关系（阿累尼乌斯图）

由图 3.10 中直线斜率和阿累尼乌斯方程求得硫溶出反应表观活化能为 41.463kJ/mol，在 40~300kJ/mol 范围内，所以硫的溶出过程受界面化学反应控制。

3.4 不同影响因素对硫溶出行为的影响

刘战伟等人[37,38]利用贵州高硫铝土矿和贵州某氧化铝厂现场取的蒸发母液进行了高硫铝土矿溶出过程中硫的行为研究，结果如表 3.5 和表 3.6 所示。

表 3.5 贵州高硫铝土矿化学组成

成分	Al_2O_3	SiO_2	Fe_2O_3	TiO_2	K_2O	Na_2O	CaO	MgO	$S_总$	$C_总$	$C_有机$	A/S
含量/%	63.99	8.12	6.66	2.86	1.23	0.006	0.22	2.95	2.05	0.42	0.31	7.88

表 3.6   蒸发母液化学成分   （g/L）

溶液样	N_T	Al_2O_3	N_k	苛性比值（α_k）	Na_2S	$Na_2S_2O_3$	Na_2SO_3	Na_2SO_4	Na_2O_S
蒸发母液	248.11	120.2	216	2.96	0.24	4.67	2.84	6.58	7.21

3.4.1   溶出液中不同价态硫的分布

在溶出温度 260℃、溶出时间 60min、石灰添加量 13%及溶出摩尔比 1.40 左右的条件下，利用贵州某氧化铝厂蒸发母液进行溶出试验，溶出液中不同价态硫的分布及进入溶液中不同价态硫的比例分别如图 3.11 和图 3.12 所示。

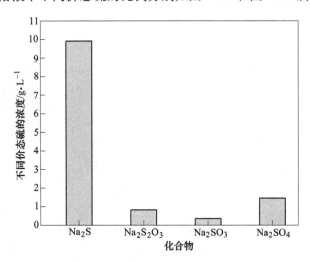

图 3.11   溶出液中不同价态硫的浓度

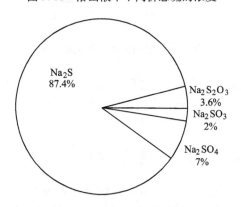

图 3.12   进入溶液中不同价态硫的比例

从图 3.11 和图 3.12 中可以看出，硫主要以 S^{2-} 进入溶液，其余的硫以 $S_2O_3^{2-}$、SO_3^{2-} 和 SO_4^{2-} 的形式存在于溶液中。在该实验条件下，进入溶液中的 S^{2-} 约占溶液中总硫含量的 87.4%。

3.4.2 石灰添加量对硫溶出行为的影响

在溶出温度 260℃、溶出时间 60min 及溶出摩尔比 1.40 左右的条件下，利用贵州某氧化铝厂蒸发母液，进行了石灰添加量分别为矿石量的 7%、9%、11%、13%、15% 及 17% 的溶出试验，试验结果如图 3.13 所示。

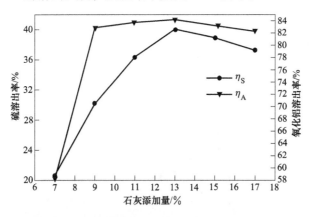

图 3.13 氧化铝和硫溶出率与石灰添加量的关系

从图 3.13 中可以看出，随着石灰添加量的增加，氧化铝和硫的溶出率均出现先增加后降低的趋势，这与石灰活性有关。溶出过程中，活性好的石灰易生成羟基钛酸钙和钛酸钙，消除了二氧化钛的不利影响；而活性低的石灰以各种钙-铝-硅渣形式进入赤泥，降低了氧化铝的相对溶出率[39]。试验所用石灰为新鲜石灰，活性较大，添加量较小时已获得较高的氧化铝溶出率；随石灰添加量增大，有 $3CaO \cdot Al_2O_3 \cdot 6H_2O$ 生成，消耗了溶液中的氧化铝，故铝溶出率有所降低[40]；石灰添加量大于 13% 时，硫溶出率开始降低，这主要是多余的石灰结合溶液中的 SO_4^{2-} 形成水合硫酸钙（见图 3.14），使溶液中 SO_4^{2-} 浓度降低所致。综合考虑，

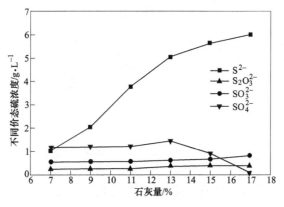

图 3.14 石灰用量对溶出液中不同价硫浓度的影响

石灰添加量确定为 13%。

由图 3.14 可以看出，铝土矿中的硫主要以 S^{2-} 的形式进入溶液；随着石灰添加量的增加，溶液中的 S^{2-} 浓度增加；当石灰添加量高于 13% 时，溶液中 SO_4^{2-} 的浓度随着石灰添加量的增加而降低，这是因为过量的石灰与溶液中的 SO_4^{2-} 反应生成 $CaSO_4 \cdot 0.5H_2O$ 进入了赤泥，如图 3.15 所示。

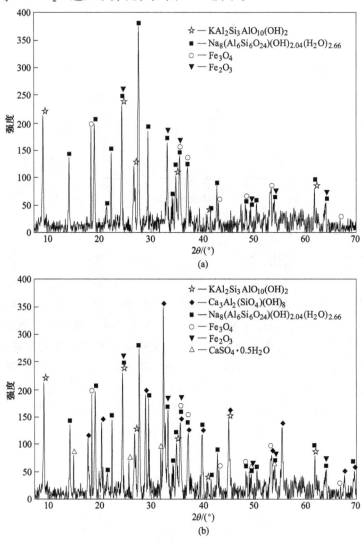

图 3.15　赤泥 X 射线衍射图
(a) 石灰用量为 13%；(b) 石灰用量为 15%

由图 3.15 可以看出，赤泥中的 Fe 主要以 Fe_2O_3 和 Fe_3O_4 的形式存在，这与 3.2 节的热力学计算结果一致。石灰添加量高于 15% 时，在赤泥中还会发现

$Ca_3Al_2SiO_4(OH)_8$ 和 $CaSO_4 \cdot 0.5H_2O$ 这两种物相。

3.4.3 温度对硫溶出行为的影响

在石灰添加量 13%、溶出时间 60min 及溶出摩尔比 1.40 左右的条件下，利用遵义氧化铝厂蒸发母液，进行了溶出温度分别为 200℃、220℃、240℃、260℃及 280℃ 的溶出试验，试验结果如图 3.16 和图 3.17 所示。

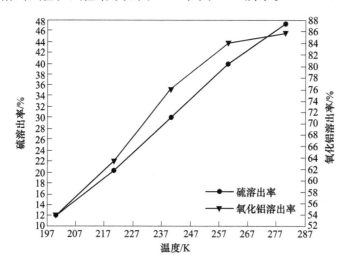

图 3.16　氧化铝和硫溶出率与不同溶出温度的关系

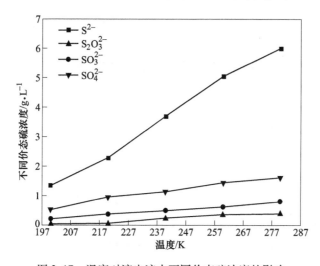

图 3.17　温度对溶出液中不同价态硫浓度的影响

从图 3.16 中可以看出，氧化铝溶出率随着温度的升高而升高，但当温度高于 260℃ 时，提高温度对氧化铝溶出率影响不大。硫的溶出率随着温度的升高而升高，温度由 260℃ 提高到 280℃，硫的溶出率增加约 7%。综合考虑氧化铝的回收率、硫的溶出率和碱耗，此溶出条件下，溶出温度为 260℃ 较为合适。

由图 3.17 可以看出，在溶出过程中，铝土矿中的硫主要以 S^{2-} 的形式进入溶液；溶出液中不同价态硫浓度的大小为 $S^{2-} > SO_4^{2-} > SO_3^{2-} > S_2O_3^{2-}$，这与 3.2 节的热力学计算结果一致。

3.4.4　初始溶液苛性碱浓度对硫溶出行为的影响

在溶出温度 260℃、石灰添加量 13% 及溶出时间 60min 的条件下，进行了初始溶液苛性碱浓度分别为 185g/L、202g/L、216g/L、229g/L 及 250g/L 的溶出试验，试验结果如图 3.18 和图 3.19 所示。其中苛性碱浓度为 185g/L、202g/L、

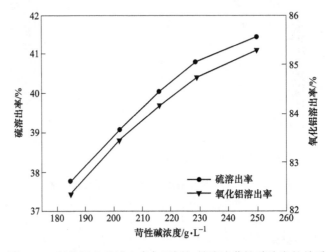

图 3.18　氧化铝和硫溶出率与不同初始溶液苛性碱浓度的关系

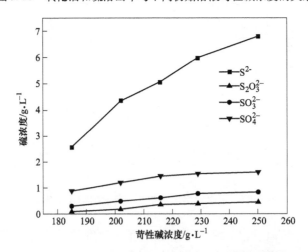

图 3.19　苛性碱浓度对溶出液中不同价硫浓度的影响

229g/L 及 250g/L 的溶液是由贵州某氧化铝厂的蒸发母液（化学成分组成见表 3.6）调配而成的。

从图 3.18 中可以看出，氧化铝和硫溶出率随着初始溶液苛性碱浓度的升高而升高。综合考虑氧化铝的回收率、硫的溶出率和碱耗，碱浓度不宜过高。

由图 3.19 可以看出，随着初始溶液苛性碱浓度的升高，溶出液中 S^{2-} 的浓度升高，溶液中 SO_4^{2-}、SO_3^{2-}、$S_2O_3^{2-}$ 的浓度稍有升高，说明铝土矿中的硫在溶出过程中主要以 S^{2-} 的形式进入溶液。

3.4.5　溶出时间对硫溶出行为的影响

在溶出温度 260℃、石灰添加量 13% 及溶出摩尔比 1.40 左右的条件下，利用贵州某氧化铝厂蒸发母液，进行了溶出时间分别为 15min、30min、45min、60min、75min 及 90min 的溶出试验，试验结果如图 3.20 和图 3.21 所示。

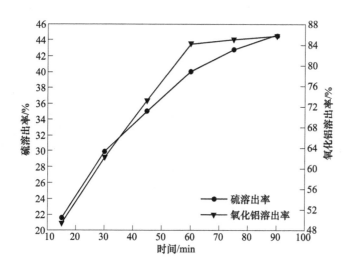

图 3.20　氧化铝和硫溶出率与不同溶出时间的关系

从图 3.20 中可以看出，随着溶出时间的增加，氧化铝和硫溶出率逐渐增加；溶出时间大于 60min，随着反应时间延长，氧化铝溶出率仅稍有增大，而更多的硫进入溶液。综合考虑，最佳溶出时间确定为 60min。

由图 3.21 可以看出，在溶出过程中，铝土矿中的硫主要以 S^{2-} 的形式进入溶液；溶出液中不同价态硫浓度的大小为 $S^{2-} > SO_4^{2-} > SO_3^{2-} > S_2O_3^{2-}$。

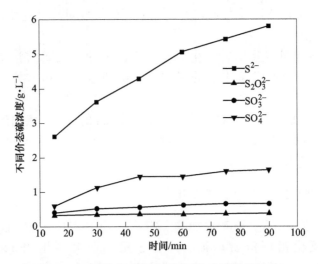

图 3.21　时间对溶出液中不同价硫浓度的影响

4 利用高硫铝土矿生产氧化铝的脱硫方法

利用高硫铝土矿采用低能耗和短流程的拜耳法生产氧化铝，要想生产正常进行且生产出合格的氧化铝产品，必须在拜耳法流程前将铝土矿中的硫脱除或在拜耳法流程中将进入铝酸钠溶液中的各种硫化物除去。长期以来，科研工作者通过大量的研究，提出了许多行之有效的除硫方法，主要有焙烧脱硫、浮选脱硫、湿法氧化脱硫、添加剂脱硫、结晶法脱硫、湿法还原脱硫及石灰拜耳法脱硫等，本章对各种脱硫方法进行详细地介绍。

4.1 高硫铝土矿焙烧脱硫

高硫铝土矿焙烧脱硫就是在铝土矿溶出之前，对矿石进行预处理，使铝土矿中的含硫化合物以 SO_2 的形式脱除掉。在氧化焙烧过程中，铝土矿会发生脱水、分解、晶型转变等一系列复杂反应[41]。焙烧预处理对矿石的微观结构和物相组成有很大的影响，铝土矿经焙烧预处理后，矿粉在焙烧过程中因脱水而导致颗粒表面均形成不同程度的孔隙和裂纹，这种空隙和裂纹的存在使得矿石在溶出过程中与母液的接触面积增大，促进了溶出反应，提高了焙烧矿氧化铝溶出率[42]。虽然随焙烧温度提高矿石的比表面积减小，但总体上，焙烧预处理可以使矿石表面结构得以改善，这对溶出过程十分有利[43]。同时矿石的一水硬铝石晶体结构被破坏，形成一种活性很高的过渡态结构，更适宜氧化铝拜耳法溶出[44]。原矿经焙烧后进行溶出能显著降低溶出液中 S^{2-} 的含量，改善矿石的溶出性能。

4.1.1 焙烧脱硫机理

铝土矿中含有黄铁矿等含硫物质，黄铁矿在含氧气氛下焙烧会发生如下一系列反应[45]：

$$(1 - x)\mathrm{FeS_2} + (1 - 2x)\mathrm{O_2} \Longrightarrow \mathrm{Fe_{(1-x)}S} + (1 - 2x)\mathrm{SO_2} \qquad (4.1)$$

$$2\mathrm{Fe_{(1-x)}S} + (3 - x)\mathrm{O_2} \Longrightarrow 2(1 - x)\mathrm{FeO} + 2\mathrm{SO_2} \qquad (4.2)$$

$$3\mathrm{FeO} + \frac{1}{2}\mathrm{O_2} \Longrightarrow \mathrm{Fe_3O_4} \qquad (4.3)$$

$$2\mathrm{Fe_3O_4} + \frac{1}{2}\mathrm{O_2} \Longrightarrow 3\mathrm{Fe_2O_3} \qquad (4.4)$$

$$2FeS_2 \Longrightarrow 2FeS + S_2 \tag{4.5}$$

$$S_2 + 2O_2 \Longrightarrow 2SO_2 \tag{4.6}$$

$$4FeS + 7O_2 \Longrightarrow 2Fe_2O_3 + 4SO_2 \tag{4.7}$$

因此，黄铁矿在预焙烧过程中的总反应如下：

$$4FeS_2 + 11O_2 \Longrightarrow 2Fe_2O_3 + 8SO_2 \tag{4.8}$$

4.1.2 影响焙烧脱硫效果的主要因素

影响焙烧脱硫效果的主要因素有焙烧温度和焙烧时间，本节分别对其进行叙述。

4.1.2.1 焙烧温度对焙烧脱硫效果的影响

使用粒度为小于 250μm 的矿石进行不同温度下的焙烧实验，考察在 700 ~ 800℃温度范围内，不同焙烧时间下温度对焙烧预处理脱硫效果的影响，结果如图 4.1 所示[46]。

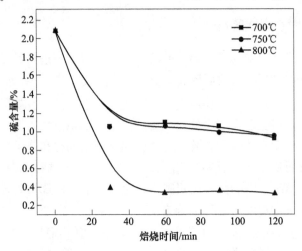

图 4.1　不同焙烧温度对脱硫效果的影响

由图 4.1 可知，焙烧温度对矿石脱硫效果影响十分明显，焙烧温度 700℃和 750℃时，焙烧矿中硫含量变化不大。但是当焙烧温度由 750℃升高到 800℃时，焙烧矿中硫含量显著降低。当焙烧温度达到 800℃时，在 30 ~ 120min 的焙烧时间内，焙烧矿中的硫元素含量均低于 0.7%，最低只有 0.33%，完全达到了工业上低于 0.7% 的使用要求。因此，可以初步确定铝土矿焙烧预处理实验温度应在 800℃附近。

4.1.2.2 焙烧时间对脱硫效果的影响

考察 800℃焙烧条件下焙烧时间对脱硫效果的影响，其结果如图 4.2 所示。

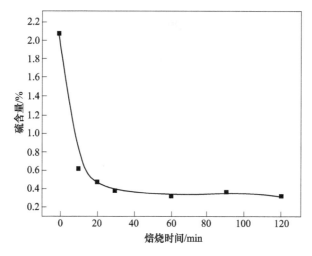

图 4.2　800℃下焙烧时间对脱硫性能的影响

根据实验结果可知，在流态化焙烧温度 800℃、焙烧时间 10min 的条件下，矿石中硫含量就降到了 0.7% 以下，在焙烧时间超过 30min 后，焙烧矿中硫含量随焙烧时间变化已不明显。由于流态化能够强化传热传质和化学反应，因此焙烧脱硫反应速度比较快，在较短的时间内就能达到理想的脱硫效果。

焙烧尾气的成分也是焙烧预处理很重要的参数之一，焙烧过程尾气主要由 N_2、O_2、H_2O、SO_2、CO_2、CO 等气体构成，各气体含量估算如下：

（1）矿石预热段。N_2 42%、O_2 12%、H_2O 40%、SO_2 1%~3%、CO_2 1%、CO 微量，为矿石预热段平均气体含量的估算，在具体升温过程每一段气体含量会有一定变化。水蒸气的外排主要集中在预热中段（3~7min）左右，SO_2 气体外排主要集中于矿石预热后半段（5~10min）左右。

（2）脱硫焙烧段。N_2 70%、O_2 18%、H_2O 2%、SO_2 2%~2.5%、CO_2 和 CO 微量，其中 SO_2 气体排放较为集中于脱硫焙烧初期阶段。

氧化焙烧法虽然能有效地去除铝土矿的硫，提高氧化铝的质量。但是氧化焙烧过程中产生的 SO_2 气体并没有得到有效的控制，所以在氧化焙烧的基础上科研工作者又提出了氧化钙焙烧法。

氧化钙焙烧法是将氧化钙与磨矿后的高硫铝土矿混合后焙烧，使二氧化硫与氧化钙反应生成硫酸盐，将铝土矿中的硫以硫酸盐的形式固定在矿石中，所以氧化钙又称固硫剂，流程如图 4.3 所示。拜耳法生产氧化铝工艺中添加氧化钙的优点第 3.4.2 节已经注明，这里不再赘述。所以选择氧化钙作为固硫剂不用担心会引入杂质。

胡小莲等人[24,47,48]研究了高硫铝土矿氧化钙焙烧脱硫，研究结果表明，矿石经焙烧后，硫化物型硫含量降低，加 CaO 焙烧效果更好，原矿的硫化物型硫含量为 0.80%，在 600℃、45min 条件下焙烧后，硫化物型硫含量降为 0.10%，添加

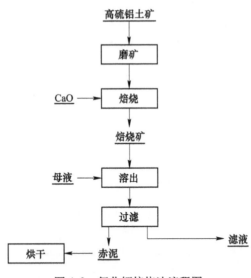

图 4.3　氧化钙焙烧法流程图

1%的 CaO 则降为 0.07%；同时 CaO 起到固硫的作用而降低焙烧过程中散于空气中的 SO_2 含量，原矿在 600℃、45min 条件下焙烧时，散于空气中的硫含量为 0.51%，而加了 1%的 CaO 后，则下降为 0.31%。

4.2　浮选脱硫生产氧化铝

4.2.1　浮选脱硫概述

在氧化铝生产前对高硫铝土矿进行浮选脱硫的工艺主要有反浮选脱硫和电化学浮选脱硫两种[49]。浮选脱硫可从源头控制避免硫进入氧化铝流程，是利用高硫铝土矿生产氧化铝经济可行且根本有效的方法。高硫铝土矿浮选脱硫符合"浮少抑多"的浮选原则，主要对含硫矿物黄铁矿等浮选脱除，得到低硫铝精矿和硫泡沫产品，硫泡沫产品经进一步精选可得到纯度较高的硫铁矿原料，实现高硫铝土矿浮选脱硫的尾矿零排放和资源综合利用。

浮选是利用矿物表面物理化学性质的差异来分选矿物的，而且这种差异又可通过浮选药剂人为加以控制和调节（改变和扩大），这就使得浮选法具有较强的适应性，同时浮选的分离效率较高，因此，浮选是一种最重要且应用最广的选矿方法。铝土矿中硫主要以黄铁矿（FeS_2）形式存在，由于黄铁矿容易用黄药等捕收剂浮选，而含铝矿物以氧化物和氢氧化物形式存在，亲水，不易被黄药捕收，因此，浮选用黄药理论上容易实现黄铁矿和含铝矿物的分离[50]。用浮选的方法降低铝土矿中硫的含量，最早被苏联人员采用[51,52]。

反浮选脱硫是通过抑制一水硬铝石，采用黄药类捕收剂浮选含硫矿物。由于铝土矿中含硫矿物一般是以黄铁矿及其同分异构体白铁矿、磁黄铁矿形式存在，高硫铝土矿浮选脱硫的主要任务也就是浮选脱除铝土矿中的硫矿物。

铝土矿中的硫含量平均低于 3%，相应的含硫矿物的量也不多，所以可通过反浮选工艺将铝土矿中的大部分硫选出。反浮选脱硫上浮产品产率小，药剂用量低，精矿表面附着的药剂少，易于过滤，水分含量低[53]，同时还可获得一定的硫精矿，实现资源的综合利用。反浮选脱硫的技术关键在于对黄铁矿的强化捕收、一水硬铝石的选择性抑制及矿泥的选择性分散等方面，适宜的浮选药剂则是这些技术的关键，包括捕收剂、调整剂和起泡剂[54]。

高硫铝土矿反浮选脱硫工艺的优点在于能够在氧化铝生产前脱除矿石中的大部分硫，减轻硫对氧化铝生产过程的影响，同时克服其他工艺需增加尾气处理装置等缺点，并获得硫含量较高的硫产品，有利于资源的综合利用。但是高硫铝土矿中矿物可磨性的差异较大，容易导致脉石矿物过磨甚至泥化，影响黄铁矿的浮选效率，降低脱硫效率[55]。另外，反浮选法加入的药剂种类较多，精矿会带来一定量的水，使氧化铝生产的能耗增加。

4.2.2 硫铁矿的浮选机理

在黄铁矿晶格中，硫离子成对地存在，彼此相互靠近形成 $[S_2]^{2-}$，其尺寸比铁阳离子大，所以较易氧化。黄铁矿硫铁比与其可浮性的关系较为复杂，不同学者得到不同的结论。研究发现，造成硫铁比偏离的原因不同，对黄铁矿浮选的影响也不同，如由含铜、砷和金杂质造成硫铁比偏离理想值的黄铁矿，即使在强碱性条件下（pH=12）可浮性也较好；而由阴、阳离子空位造成硫铁比偏离理想值的黄铁矿则在 pH=12 条件下的回收率不超过 25%，可浮性较差。

无氧的条件下，黄药在黄铁矿表面吸附低于单分子层（一个黄药阴离子吸附在一个表面金属离子的位置上呈单分子层吸附）。

有氧的条件下，黄铁矿表面会部分发生氧化，其过程为：

$$FeS_2 \longrightarrow FeS + S \qquad (4.9)$$

由于有单质硫生成，对浮选有利[56]。

在浮选过程中黄药会在黄铁矿表面发生氧化还原反应形成双黄药[57]，双黄药是导致黄铁矿矿物可浮的主要疏水物质。黄铁矿的可浮性随着矿浆 pH 值的提高而逐渐降低，高碱条件下，黄铁矿基本不浮。按 Barsky 关系式，随着 pH 值提高，黄原酸根离子在黄铁矿表面与 OH⁻酸的竞争吸附结果使黄原酸根离子吸附减弱，因此使黄铁矿的表面疏水性减弱。而浮选电化学理论认为，高碱条件下，体系的电位较低，黄原酸根离子难以在黄铁矿表面氧化形成双黄药，或者是氧化形式的双黄药容易还原吸附，降低其表面疏水性。

高硫铝土矿中几种主要硫铁矿用黄药捕收的可浮性顺序为：白铁矿>黄铁矿>磁黄铁矿。

4.2.3　反浮选脱硫

高硫铝土矿浮选脱硫具有其特殊性，主要表现在以下几个方面：

（1）高硫铝土矿属于氧化矿，主要矿物为铝硅酸盐矿物，易泥化，易夹杂，浮选难度增大，铝土矿浮选脱硫需要磨矿，使黄铁矿的晶面暴露出来，铝土矿矿物可磨性的差异较大，随黄铁矿嵌布粒度不同，对于黄铁矿嵌布较细的矿石尤其需要细磨，这样很容易导致脉石等矿物过磨甚至泥化，而脉石矿物的过磨泥化对黄铁矿的浮选效率产生不利影响，并降低脱硫效率[58]。而金属硫化矿属于硫化矿，脆性大，不易泥化。

（2）高硫铝土矿平均含硫量为 1% ~ 3%，较低，硫矿物嵌布粒度细，难解离，难分选；金属硫化矿，含硫量高，硫矿物嵌布粒度粗，易解离，易分选。

（3）高硫铝土矿酸化主要是黄铁矿表面酸化，黄铁矿表面氧化，造成浮选药剂吸附黄铁矿受阻，浮选目的矿物黄铁矿分选效率下降；金属硫化矿中易酸化矿物仍然为黄铁矿，但浮选目的矿物为其他金属硫化矿，黄铁矿的氧化抑制有利于提高目的矿物上浮。

因此针对高硫铝土矿浮选脱硫需要从工业化角度针对药剂、设备、工艺参数、离子影响、回水循环等进行全方位系统地考虑。

苏联乌拉尔工学院研究含硫 2% 的铝土矿时用浮选法获得含硫低于0.41% 的精矿，氧化铝回收率为 99.17%，但由于流程较长等原因，在工业上很难应用。南乌拉尔铝土矿采用浮选法脱除硫化矿物和碳酸盐工业试验取得成功，硫化物经一次粗选、二次精选、二次扫选，分别得到硫化物精矿和尾矿，含硫由原矿的 2.22% 降到 0.19%，且硫化矿精矿作为氧化镍矿熔炼的硫化剂，矿石得到充分综合利用。

王晓民等人[59]采用传统的泡沫浮选，利用丁基黄药作捕收剂，研究了矿浆 pH 值、浮选时间、矿石粒度、液固比等因素对浮选脱硫行为的影响。在最佳的药剂制度下，一次精选后精矿中 S 含量为 0.41%，此时 Al_2O_3 回收率达 90.83%。陈文汩等人[60]研究了用反浮选的方法降低铝土矿中硫的含量。以碳酸钠为 pH 值调整剂，六偏磷酸钠为抑制剂，硫化钠和硫酸铜为组合活化剂，丁基黄药和戊基黄药为组合捕收剂，对高硫铝土矿进行反浮选除硫试验研究，取得的结果如下：高硫尾矿中硫含量为 13.44%，硫回收率为 56%，低硫铝土矿产率为 96%，硫含量为 0.44%。

中国铝业重庆分公司采用地下采矿、反浮选脱硫串联法生产氧化铝工艺于 2008 年建成年产 80 万吨氧化铝的生产厂，是深部开采及开发利用低品位含硫铝土矿资源的国际首例。

中国铝业股份有限公司郑州研究院从 2005 年至今开展了浮选法对铝土矿脱硫从实验室研究到工业试验直至工业生产的一系列卓有成效的工作，并形成了 50t/d 规模的全新无传动碱性反浮选脱硫技术（见图 4.4），应用该技术成功实现中国河南某地铝业年产 120 万吨规模选矿厂的难选高硫铝土矿浮选脱硫稳定生产（见图 4.5）。

图 4.4 中国铝业股份有限公司郑州研究院无传动碱性反浮选脱硫工业试验现场

图 4.5 中国河南某地铝业高硫铝土矿浮选脱硫现场

高硫铝土矿反浮选脱硫可从根本上控制铝土矿中的硫进入氧化铝生产流程，不仅符合"浮少抑多"的浮选原则，还具有工艺简单环保、成本低廉的优点，同时可以实现铝土矿浮选脱硫的尾矿零排放和资源综合利用。

4.2.4 浮选脱硫的影响因素

4.2.4.1 磨矿细度对浮选脱硫的影响

不同地区不同采点高硫铝土矿中黄铁矿的嵌布粒度不同，为保证反浮选脱硫的效果，在对不同高硫铝土矿进行脱硫时最佳磨矿细度的考察尤为重要。合适的磨矿细度是指在保证矿石中黄铁矿的完全解离的同时防止脉石矿物过磨，避免硅酸盐矿物过磨而引起的泥化、异相凝聚现象。矿石过磨最终可造成浮选脱硫难度增大，硫泡沫夹杂严重，氧化铝损失增加。

一般情况要根据矿物中硫化矿的赋存状态和矿石可磨矿特点确定最佳磨矿细度。中国不同矿区浮选脱硫确定最佳磨矿细度范围见表4.1，可供参考。

表 4.1　不同矿区高硫铝土矿浮选脱硫合适磨矿细度范围

高硫铝土矿	磨矿细度范围（<0.074mm）/%
遵义高硫矿	80±2
重庆高硫矿	72±2
贵州高硫矿1	65±2
贵州高硫矿2	75±2
河南高硫矿	82±2
煤下高硫矿（河南巩义）	80±2
煤下高硫矿（河南三门峡）	83±2

4.2.4.2 体系 pH 值对浮选脱硫的影响

根据硫铁矿的浮选机理，黄铁矿在广泛的 pH 值范围内具有较好可浮性，在 pH 值高于11的强碱性条件下其可浮性才明显降低，当 pH 值高达12时，黄铁矿受到强烈抑制，其回收率降低到15%。黄铁矿的同素异形体白铁矿、胶黄铁矿和磁黄铁矿的浮选适宜 pH 值相对较窄，因此在高硫铝土矿反浮选脱硫中体系 pH 值的选择主要考虑矿石中主要硫矿物的类型。

另外，反浮选脱硫中选择不同的捕收剂时，则其捕收剂适宜的最佳浮选 pH 值也不同。王晓民等人[59]对中国某煤矿共生高硫一水硬铝石型铝土矿进行浮选脱硫，比较了乙黄药、乙硫氮、丁黄药和异丁基黄药在不同 pH 值的浮选效果，认为该高硫铝土矿用乙黄药作捕收剂的最佳浮选 pH 值为12；而乙硫氮的最佳浮选 pH 值为4和12；丁黄药和异丁基黄药的最佳浮选 pH 值为10。

中国铝业股份有限公司研究以异丁基黄药作为浮选捕收剂，考察黄铁矿纯矿物浮选体系 pH 值对黄铁矿纯矿物上浮率的影响，结果表明黄铁矿的回收率随 pH 值变化的曲线出现双峰，如图4.6所示。异丁基黄药对黄铁矿浮选最佳体系 pH

值为4.0~5.5和8.0~8.5，并且在针对多种高硫铝土矿的浮选脱硫试验中也得到
验证。

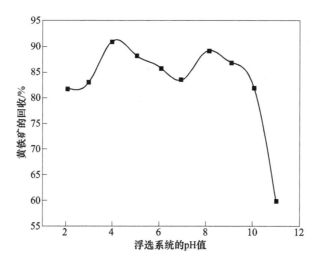

图4.6　pH值对黄铁矿纯矿物上浮率的影响

4.2.4.3　浮选过程的泡沫夹带

在高硫铝土矿浮选脱硫工艺中，一水硬铝石和硅酸盐矿物属于脉石矿物，亲
水性矿物由于它和水分子的亲和力强，水分子能在矿物表面呈紧密向排列，并牢
固附着在气泡表面，形成一层很稳定的水化膜，随泡沫进入硫精矿中。一水硬铝
石和硅酸盐矿物在硫精矿中的夹带与矿石粒度、密度、含量及浮选强度、充气量
等密切相关。同时高夹带率可造成浮选药剂用量增加，降低有用矿物的回收率，
最终导致浮选成本的增加，因此高硫铝土矿浮选过程中有效降低一水硬铝石和硅
酸盐矿物夹带率是提高浮选效率降低浮选成本的要求。

影响高硫铝土矿浮选脱硫泡沫夹带的主要因素有：

（1）矿物颗粒大小。矿物粒度越细，泡沫回收率越高，夹带越显著。

（2）浮选槽的结构参数。包括泡沫深度（泡沫层厚度）、充气量、转速。

（3）浮选pH值。高硫铝土矿浮选脱硫捕收剂和起泡剂对一水硬铝石都没有
选择性捕收作用，因此认为矿浆pH值对一水硬铝石的夹带率影响不大，但不同
矿浆pH值会影响泡沫质量，从而影响夹带行为。

（4）浮选药剂。捕收剂的用量会影响泡沫质量，从而对夹带造成影响。起
泡剂在不同pH值条件下对一水硬铝石夹带率的影响规律为：随着pH值的增大，
一水硬铝石的夹带率先增高后降低，在中性条件下达到最高。活化剂 Cu^{2+} 的存在
可在一定程度上降低一水硬铝石在硫泡沫中的夹带。抑制剂的加入不但能使脉石

矿物亲水，还能使亲水矿物凝聚而增加矿物颗粒粒度，从而有效减少浮选气泡加大和机械夹带。变性淀粉可以有效减少一水硬铝石的夹带率，但是并不能完全消除夹带。

（5）浮选浓度。Trahar[61]的研究表明在27%以下固体浓度范围内，疏水性颗粒对亲水性颗粒的夹带不会造成太大的影响，当浓度超过27%以后可能会对夹带造成影响。

（6）进口流速。工业上浮选机的进口流速大小也对泡沫夹带具有一定的影响，一般认为进口流速越大，矿浆搅动强度越大，所造成的泡沫夹带率越高。

4.2.4.4　金属离子

中国铝业股份有限公司郑州研究院研究浮选脱硫体系中金属阳离子对黄铁矿纯矿物浮选影响，试验结果如图4.7所示。体系中金属阳离子对黄铁矿浮选抑制作用从大到小顺序为：$Fe^{2+}>Fe^{3+}>Al^{3+}>Ca^{2+}$、$Mg^{2+}$。

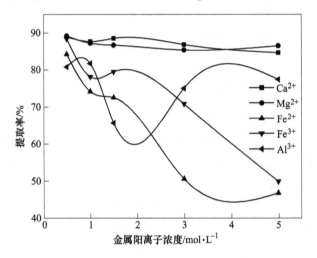

图 4.7　金属阳离子对黄铁矿纯矿物上浮率的影响

4.2.5　碱性铝酸钠溶液中浮选脱硫

在生产氧化铝的碱性溶液中进行浮选，对于提高用拜耳法处理的铝土矿的质量是非常有效的。在拜耳法生产氧化铝的流程中，可以得出含碱浓度不同的三种溶液：洗涤液（$Na_2O_全$ 浓度为 40~60g/L），母液（$Na_2O_全$ 浓度为 120~160g/L），循环液（$Na_2O_全$ 浓度为 240~320g/L）。

该方法建议将分离铝土矿中的硫化物（主要是硫铁矿及亚硫酸盐）的浮选作业放在生产氧化铝的洗涤液中进行。这样，可以省掉碳酸钠等 pH 值调整剂的使用，保证水的循环使用，减少过滤脱水的环节，从而降低了浮选成本[62,63]。

乌拉尔铝厂对北乌拉尔高硫铝土矿在洗涤液（Na_2O_T：43.4g/L）中进行工业浮选试验，在硫酸铜（180g/t）和T-66（50g/t）条件下，以丁基黄药为捕收剂浮选分离亚硫酸盐，使硫含量从2%降低到0.4%~0.5%[64]。

在浮选过程中，应用碱式铝酸盐循环液，可以省去耗资大且难于操作的脱水设施（浓密、过滤、干燥）的建设。浮选供拜耳法处理的铝土矿，不仅可用浮选机进行，而且可用氧化铝生产的其他设备（如搅拌器等）进行。

中国铝业股份有限公司郑州研究院总结早期产业化酸性浮选脱硫技术的不足，通过对高硫铝土矿浮选脱硫的系统研究，对浮选设备进行升级，成功开发了碱性无传动浮选脱硫技术。

中国铝业股份有限公司郑州研究院中国铝矿综合利用试验基地应用该技术对贵州某地高硫铝土矿开展50t/d碱性无传动反浮选脱硫工业试验，采用一粗一精一扫流程，工业试验流程如图4.8所示。工业试验稳定运转平均指标为：原矿S含量2.15%，铝精矿S含量0.21%，产率92.52%，氧化铝回收率98.69%，硫脱除率为78.82%，硫精矿S含量26.80%。

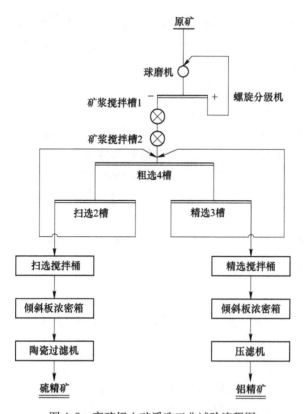

图4.8 高硫铝土矿浮选工业试验流程图

对煤下高硫铝土矿开展 50t/d 碱性无传动反浮选脱硫工业试验,同样采用一粗一精一扫流程,在原矿含硫 1.27% 时,得到铝精矿含硫 0.23%,精矿产率 93%,硫脱出率 83.16%,尾矿（硫精矿）含硫 15.09%。

碱性无传动浮选脱硫的技术优势主要表现在以下几个方面:

(1) 浮选体系不利于硫细菌的生长,降低浮选过程及回水的酸化,减弱生产过程的酸化累积,避免因酸化累积而导致的体系 pH 值的变化和生产不稳定状况。

(2) 避免设备腐蚀,保证浮选设备的安全。

(3) 降低浮选成本。降低磨矿球耗,减少设备维护费用。碱性体系中 pH 值调整剂所造成的药剂成本增加远小于酸性铝精矿进入氧化铝流程的碱耗和因此而导致对生产的危害。采用新型无传统浮选槽,利用新型浮选方式,通过设备大型化和自动控制的实现降低浮选能耗和人工成本,从整体上降低浮选成本。根据工业试验实际浮选成本核算,碱性无传动浮选脱硫生产成本为每吨精矿 65~75 元。

4.2.6　电化学浮选脱硫

硫化矿浮选理论的研究大致可分为三个阶段:一是 19 世纪 50 年代以前,从纯化学的观点来解释硫化矿与捕收剂（如黄药）的作用机理[65];二是 19 世纪 70 年代提出了硫化矿物浮选的电化学理论[66];三是近 20 多年来开展的电位调控的浮选应用研究,即依据硫化矿物的电化学浮选行为,通过控制浮选体系的电化学条件调控硫化矿物的浮选和分离行为。

硫化矿浮选电化学理论是电位调控浮选应用研究的基础[67]。其主要研究成果可概括为以下几方面:(1) 硫化矿无捕收剂浮选理论,即是用普通氧化还原剂调控电位的无捕收剂浮选[68],被划分为自诱导浮选和硫诱导浮选两大类;(2) 捕收剂（黄药）与硫化矿作用的电化学理论和模型;(3) 硫化矿浮选调整剂电化学;(4) Cu^{2+} 活化硫化矿物的电化学。

关于自诱导浮选的机理,主要有以下三种观点:前两种观点都认为是硫化矿物表面的阳极氧化导致了矿物表面无捕收剂疏水化,这种氧化受电位的调节和控制。

(1) 第一种观点认为在电化学调控下,硫化矿表面适度阳极氧化产生了中性硫分子 (S^0), S^0 是疏水物质,从而导致矿物浮选。对硫化矿表面氧化进行的伏安曲线研究结果及通过对硫化矿物表面中性硫 (S^0) 的提取和化学分析支持了这种说法。

$$MS \longrightarrow M^{n+} + S^0 + ne \tag{4.10}$$

$$MS + nH_2O \longrightarrow M(OH)_n + S^0 + nH^+ + ne \tag{4.11}$$

(2) 第二种观点认为在电化学调控下,硫化矿表面氧化初期形成的缺金属富硫化合物是疏水体。硫化矿表面氧化开始时，金属离子优先离开矿物晶格而进入液相，留下一个与化学计量的矿物有相同结构的缺金属富硫层，这种缺金属富硫层是疏水的。随着氧化的继续，金属离子越来越多地离开晶体，进入液相。富硫程度越来越高，最终有中性硫生成在矿物表面。对硫化矿表面氧化产物的 XPS 检测，支持了这种看法[69]。

（3）第三种观点认为硫化矿的溶解度很小，不易被水润湿，决定了矿物的无捕收剂浮选，溶解度越小，无捕收剂可浮性越好。从本质上说，这种提法属于天然可浮性的范畴，并没有考虑到矿浆电位的影响。

英国学者 Salamy 和 Nixon 在 1953 年对于硫化矿的电化学浮选又提出混合电位机理[70]，他们认为在浮选体系中，存在一个电位，使得阳极氧化反应和阴极还原反应速率相等，这个电位即为混合电位。表 4.2 为 S. A. Allison 和 N. P. Finkelsiein 测定的硫化矿物在捕收剂溶液中的静电位，并鉴定了反应产物，与混合电位模型一致。

表 4.2　不同硫化矿物在乙基黄药溶液中的静电位和表面产物

硫化矿物	静电位/V	表面产物
斑铜矿	0.06	MX_2
方铅矿	0.06	MX_2
黄铜矿	0.14	X_2
辉钼矿	0.16	X_2
黄铁矿	0.22	X_2
磁黄铁矿	0.21	X_2
砷黄铁矿	0.22	X_2

注：黄药的平衡点为 0.03V；M 表示硫化矿物金属；X 表示乙基黄原酸根阴离子。

还有一种电化学浮选理论为浮选的半导体能带理论，该理论认为：硫化矿物是一种半导体，矿物的可浮性与矿物的半导体性质密切相关。如半导体的化学计量系数、矿物的温差电势、矿物的导电类型、电子和空穴的比值等，对硫化矿物的浮选都有影响。具有 n 型半导体性质的表面对捕收剂离子没有吸附活性，具有 p 型半导体性质的表面由于大量空穴的存在对捕收剂离子有高的吸附活性，氧是一种良好的电子接受体，可以夺取晶格上的自由电子，使硫化矿物由 n 型转变为 p 型半导体，从而和捕收剂阴离子发生作用并实现浮选。当黄药的费米能级高于硫化矿物的费米能级时，黄药的最高占据能级（还原能级）的电子向矿物传递，结果黄药在硫化矿物表面生成双黄药（例如黄药在黄铁矿表面生成双黄药）；当黄药的氧化还原能级低于硫化矿物的费米能级时，黄药电子不能向矿物传递，结果黄药在硫化矿物表面生成金属黄原酸盐；氧气的存在能够降低矿物表面电子密度，有利于黄药与矿物表面的作用[71,72]。

浮选中硫化矿的表面状态一般由其与巯基捕收剂的作用所决定。另外，可用不同药剂（如活化剂和抑制剂）来改进浮选过程，提高不同矿物分离的选择性。硫化矿物的浮选捕收剂对于浮选化学具有很重要的意义[73]。

硫化物的电化学浮选是通过控制浮选体系的电化学条件调控硫化物的浮选和分离行为。电化学调控浮选的主要控制参数为矿浆电位、药剂浓度和矿浆 pH 值[74]。我国高硫铝土矿成分较简单，主要硫化物是黄铁矿，其他均为氧化矿和脉石，相比复杂硫化矿体系（如方铅矿-黄铜矿-黄铁矿体系）的电化学调控浮选更容易实现[75]。如在适当的还原剂硫化钠用量调节作用下，使黄铁矿处于某一电位范围，可使黄铁矿表面阳极氧化产生缺金属富硫化合物及元素硫等疏水体，这样在没有捕收剂或微量捕收剂的情况下产生很好的可浮性。高硫铝土矿中硫化矿的无捕收剂浮选，比传统的黄药类捕收剂的泡沫浮选分离具有更高的选择性，药剂配方简单，更主要的是节省了大量的药剂费用，如能在铝土矿山实现，还可减少浮选药剂对后续氧化铝溶出工艺的影响。但是高度分散的浮选矿浆体系导电性能差，难以使矿浆中的每个矿粒都达到所要求的极化电位[76]，因此成了该技术发展的瓶颈。

目前这种新工艺在国内的铜矿、铅锌矿及金矿（赋存在黄铁矿中）都有成功的应用。把选矿领域中的新技术——电位调控浮选运用到氧化铝生产工业中高硫铝土矿的脱硫上将是十分有意义的。

4.3　湿法氧化除硫

李旺兴等人[77]将空气、氧气或其混合气体通入预脱硅槽或溶出浆液稀释槽中，在 90~110℃的温度下氧化反应 1~10h，或者是将空气、氧气或其混合气体通入高压反应釜中，在 120~280℃的温度下氧化反应 2~60min，使拜耳法生产氧化铝流程中的不同形态低价硫氧化成高价 SO_4^{2-}，然后通过排盐苛化彻底解决氧化铝生产过程中硫的积累问题[78]。此除硫过程不会有外来杂质进入铝酸钠溶液中对氧化铝生产的后序工艺造成负面影响，而且氧化过程所需的主要原料为空气或氧气，来源广泛且价格较为低廉，同时还可以消除硫对加热器壁腐蚀可能会带来严重安全隐患的弊端。经化学分析表明，应用此除硫方法，铝酸钠溶液的 S^{2-} 可以全部被氧化成高价硫。

4.3.1　常压湿法氧化除硫

刘战伟等人[79]利用贵州高硫铝土矿和贵州某氧化铝厂现场取的蒸发母液进行了常压湿法氧化除硫实验，高硫铝土矿和蒸发母液的化学组成分别列于表 4.3 和表 4.4。

表 4.3 高硫铝土矿化学成分 （%）

Al_2O_3	SiO_2	Fe_2O_3	TiO_2	K_2O	Na_2O	CaO	MgO	S	A/S
62.04	12.14	5.87	2.82	1.44	0.026	0.082	0.19	0.74	5.11

表 4.4 蒸发母液化学成分 （g/L）

溶液样	N_T	Al_2O_3	N_k	苛性比值 (α_k)	Na_2S	$Na_2S_2O_3$	Na_2SO_3	Na_2SO_4	Na_2O_S
蒸发母液	248.11	120.2	216	2.96	0.24	4.67	2.84	6.58	7.21

4.3.1.1 稀释浆液通氧气湿法氧化除硫

在 260℃下溶出 60min，其中石灰添加量为 13%，配料摩尔比为 1.40，溶出浆液加水稀释至 N_k 为 150g/L，然后分别在温度 95℃和 105℃下通入氧气进行稀释浆液湿法氧化除硫，其中氧气流量为 80~90L/h，氧化时间为 4h，溶液中不同价态硫的分布如图 4.9 所示，溶液中的铁含量列于表 4.5。

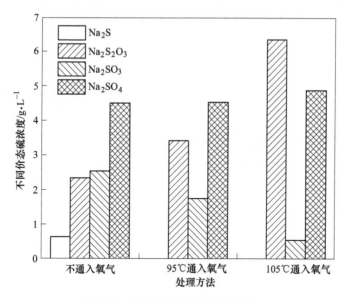

图 4.9 溶液中不同价态硫的分布

表 4.5 溶液中的铁含量

处理方法	不通入氧气	95℃通入氧气	105℃通入氧气
铁含量/g·L^{-1}	0.012	<0.005	<0.005

从图 4.9 中可以看出，在 95℃和 105℃下通入氧气进行稀释浆液湿法氧化除

硫 4h 后，溶液中的活性硫 S^{2-} 全部被氧化，但是溶液中活性硫 $S_2O_3^{2-}$ 的含量明显地升高。在 105℃ 湿法氧化，溶液中约 79% 的 SO_3^{2-} 被氧化，在 95℃ 湿法氧化，溶液中只有 31% 的 SO_3^{2-} 被氧化，同时溶液中的惰性硫 SO_4^{2-} 随着氧化温度的升高有所升高。从表 4.5 中还可以看出，稀释浆液通氧气湿法氧化除硫后，溶液中的 Fe 有所降低，这说明溶液中的 Fe 含量与活性硫 S^{2-} 的含量密切相关，与活性硫 $S_2O_3^{2-}$ 的含量无关。同时还发现溶液中的 Fe 含量较低，这可能是由于溶液的过滤温度较低造成，并在下面的试验中得到验证。

表 4.6 列出了不同过滤温度下滤液中的铁含量。

表 4.6　不同过滤温度下滤液中的铁含量

过滤温度/℃	铁含量/$g \cdot L^{-1}$
90	0.010
60	0.0038
25	<0.003

从表 4.6 中可以看到，随着过滤温度的降低，滤液中的铁含量降低。这是因为铁在铝酸钠溶液中的溶解度随着温度的降低而减小，所以当过滤温度降低时，一部分铁析出，过滤时被过滤介质截留，使得滤液中铁含量降低。试验中的过滤温度远远低于生产中的过滤温度，因此试验中溶液中的铁含量也明显地低于生产中溶液中的铁含量。

稀释浆液通氧气湿法氧化除硫后溶液中低分子有机碳的含量列于表 4.7。

表 4.7　溶液中低分子有机碳的含量

温度/℃	含量/$g \cdot L^{-1}$		
	$C_2O_4^{2-}$	$HCOO^-$	CH_3COO^-
参比样	0.88	0.13	1.11
95	0.67	0.069	1.03
105	<0.05	0.067	0.66

从表 4.7 中可以看出，稀释浆液在 105℃ 通氧气湿法氧化 4h 后，溶液中的 $C_2O_4^{2-}$ 几乎全部被氧化；在 95℃ 通氧气湿法氧化 4h 后，由表中数据计算可知，溶液中的 $HCOO^-$ 已经约有 47% 被氧化。在 105℃ 通氧气湿法氧化 4h 后，溶液中的 CH_3COO^- 才约有 40% 被氧化。这说明 CH_3COO^- 比 $HCOO^-$ 难氧化，并且溶液在通氧气湿法氧化硫的同时也可以氧化部分有机碳。

4.3.1.2 预脱硅过程通氧气湿法氧化除硫

采用遵义高硫铝土矿（化学成分见表4.3），添加13%的石灰，在温度105℃条件下预脱硅5h，所用的碱液为贵州某氧化铝厂的蒸发母液（化学成分见表4.4），在预脱硅过程中通入氧气进行湿法氧化，其中氧气流量为80~90L/h，预脱硅结束后，在温度260℃条件下溶出60min，溶液中不同价态硫的分布如图4.10所示。

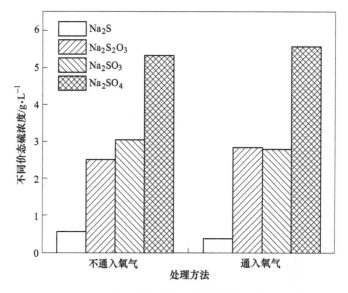

图4.10 溶液中不同价态硫的分布

从图4.10中可以看出，预脱硅浆液通氧气湿法氧化5h后，溶液中约33%的活性硫 S^{2-} 被氧化，但是溶液中的活性硫 $S_2O_3^{2-}$ 增加，溶液中的 SO_3^{2-} 减少，SO_4^{2-} 增加。

综上所述，在稀释浆液和预脱硅浆液中通氧气进行湿法氧化都可以减少溶液中的活性硫 S^{2-}，但是溶液中的活性硫 $S_2O_3^{2-}$ 却升高。与预脱硅浆液中通入氧气进行湿法氧化相比，在稀释浆液中通入氧气进行湿法氧化的氧化效果较好。

4.3.2 高压湿法氧化除硫

刘战伟等人[79]利用贵州高硫铝土矿（化学组成见表4.8）和贵州某氧化铝厂现场取的蒸发母液（化学成分见表4.4）进行了湿法氧化除硫实验，通过研究温度、氧化时间和氧气添加量对高压湿法氧化深度脱硫的影响发现，高压通氧气湿法氧化脱硫可以将溶液中的活性硫 S^{2-} 和 $S_2O_3^{2-}$ 全部除去，从而消除 S^{2-} 和 $S_2O_3^{2-}$

对氧化铝产品质量的影响；提高温度、延长氧化时间和增加氧气添加量都有利于氧化去除溶液中的活性硫 S^{2-} 和 $S_2O_3^{2-}$；溶液在通氧气湿法氧化硫的同时也可以氧化部分有机碳，使溶液明显褪色。

表 4.8 高硫铝土矿化学组成

成分	Al_2O_3	SiO_2	Fe_2O_3	TiO_2	K_2O	Na_2O	CaO	MgO	$S_总$	$C_总$	$C_{有机}$	A/S
含量/%	63.99	8.12	6.66	2.86	1.23	0.006	0.22	2.95	2.05	0.42	0.31	7.88

4.3.2.1 温度对湿法氧化除硫的影响

在溶出时间 60min、氧气通入量 20g/L 的条件下，考察了不同温度对湿法氧化除硫的影响，结果如图 4.11 所示。

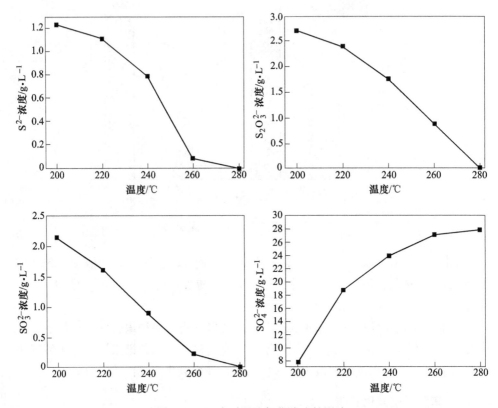

图 4.11 温度对湿法氧化除硫的影响

由图 4.11 可以看出，溶液中的 S^{2-} 和 $S_2O_3^{2-}$ 浓度随着温度的升高逐渐降低。在 260℃ 以下，温度越高，S^{2-} 和 $S_2O_3^{2-}$ 浓度降低的速率越快，说明升高温度对溶液中 S^{2-} 和 $S_2O_3^{2-}$ 的氧化脱除有利。温度为 260℃ 条件下反应 60min，S^{2-} 浓度降至

0.08g/L，溶液中 S^{2-} 几乎全部被氧化，S^{2-} 脱除效果显著。

4.3.2.2 氧化时间对湿法氧化除硫的影响

在溶出温度 260℃、氧气通入量 20g/L 的条件下，考察了不同氧化时间对湿法氧化除硫的影响，结果如图 4.12 所示。

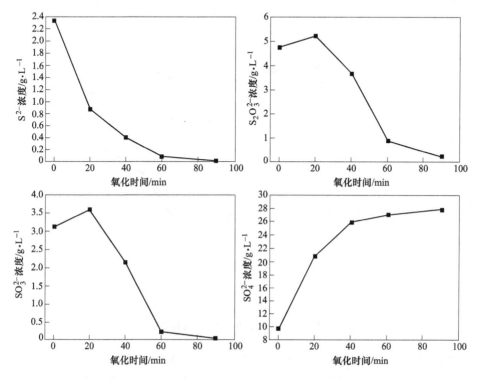

图 4.12 氧化时间对湿法氧化除硫的影响

由图 4.12 可以看出，在 260℃ 时向溶出矿浆中通入氧气对其进行湿法氧化，随着反应时间的增加，溶液中 S^{2-} 浓度减少。反应初期，由于氧气量充足，S^{2-} 浓度较高，因此反应较为剧烈，S^{2-} 浓度下降很快；随着反应的进行，气相中的氧气浓度逐渐减少，因此溶液中 S^{2-} 浓度下降的速率减缓。反应进行 40min，矿浆中 S^{2-} 从 2.33g/L 降低至 0.39g/L，S^{2-} 脱除率约为 83%；而继续反应至 90min，S^{2-} 浓度由 0.39g/L 减少至 0.02g/L，反应速率减缓，此时溶液中的 $S_2O_3^{2-}$ 浓度也减少到 0.22g/L，溶液中 S^{2-} 和 $S_2O_3^{2-}$ 几乎全部被氧化。

4.3.2.3 氧气加入量对湿法氧化除硫的影响

在温度 260℃、溶出 60min 的条件下，考察了不同氧气加入量对湿法氧化除硫的影响，结果如图 4.13 所示。

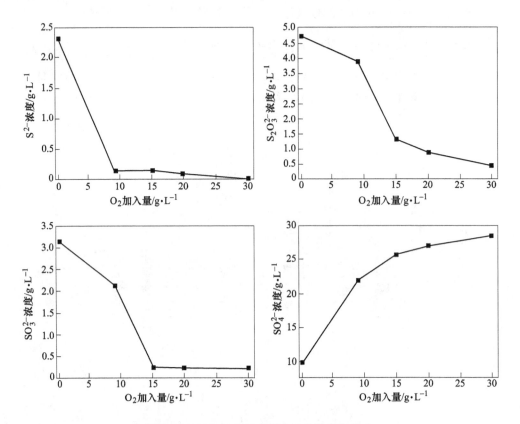

图 4.13　氧气加入量对湿法氧化脱硫的影响

从图 4.13 中可以看出，氧气加入量大于 9g/L 时，溶液中的活性硫 S^{2-} 几乎可以全部被氧化，同时溶液中的活性硫 $S_2O_3^{2-}$ 也明显降低，既能够消除 S^{2-} 对氧化铝产品质量的影响，也能够减缓 $S_2O_3^{2-}$ 对设备的影响。溶液中的 SO_3^{2-} 明显减少，SO_4^{2-} 大幅度增加。这也说明溶液中的活性硫最终被氧化成惰性硫 SO_4^{2-}。从图 4.13 中还可以看出，如果通入大量的氧气（30g/L），不仅溶液中的活性硫 S^{2-} 全部被氧化，同时溶液中的活性硫 $S_2O_3^{2-}$ 也几乎被完全氧化，但通入氧气量太大，导致成本太高。

4.3.3　高硫碳酸钠的苛化行为研究

4.3.3.1　苛化目的及原理

排盐苛化的目的是彻底除掉系统中累积的碳酸盐及硫酸盐，并将其转化成有效碱去调配母液。

常压蒸发时分解母液中碳酸钠的溶解度曲线如图 4.14 所示。

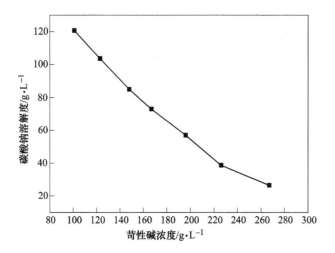

图 4.14　常压蒸发时铝酸钠溶液中碳酸钠的溶解度

从图 4.14 中可以看出，随着苛性碱（Na_2O）浓度增大，碳酸钠的溶解度急剧下降。

硫酸钠的溶解度和碳酸钠一样也是随着 Na_2O 浓度增大急剧下降的，并且也是随着温度的升高而增大的。常压沸点下分解母液中硫酸钠的溶解度曲线如图 4.15 所示。

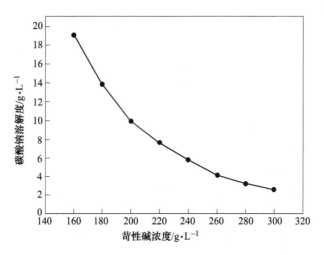

图 4.15　常压蒸发时铝酸钠溶液中硫酸钠的溶解度

种分母液中，同时含有较高的 Na_2CO_3 和 Na_2SO_4，蒸发过程中将成为一种水溶性复盐芒硝碱 $2Na_2SO_4 \cdot Na_2CO_3$ 首先结晶析出，其溶解度比 Na_2CO_3 和 Na_2SO_4 都低。芒硝碱还可以与碳酸钠形成固溶体，在它的平衡溶液中，Na_2SO_4 的浓度更低。

排盐苛化的原理如下：

$$Na_2CO_3 + Ca(OH)_2 \Longrightarrow 2NaOH + CaCO_3 \tag{4.12}$$

$$Na_2SO_4 + Ca(OH)_2 \Longrightarrow 2NaOH + CaSO_4 \tag{4.13}$$

$$2NaAl(OH)_4 + 3Ca(OH)_2 \Longrightarrow 2NaOH + 3CaO \cdot Al_2O_3 \cdot 6H_2O \tag{4.14}$$

反应式（4.12）是放热不多的可逆反应，标准反应热为 $\Delta H_{298} = -3.16kJ/mol$。373K 时的反应热为 $\Delta H_{373} = -8.16kJ/mol$。由于该反应在液固相中进行，反应物和产物均不涉及气体，故可看作是恒容等压条件下的反应，影响反应平衡的因素是温度和浓度。

A 温度

对于可逆反应，人们总希望其平衡常数大些。平衡常数大，原料平衡转化率就高，这对生产是有利的。而平衡常数与温度有关，两者关系如下：

$$\left(\frac{\partial \ln k}{\partial T}\right)_P = \frac{\Delta H}{RT^2} \tag{4.15}$$

苛化反应式（4.12）是放热反应，$\Delta H < 0$，由热力学公式（4.15）可知，其平衡常数 k 随着温度的上升而减小，平衡向逆方向转移。由此看来，降低反应温度对反应式（4.12）有利。但用式（4.15）的积分式

$$\ln \frac{k_{T_1}}{k_{T_2}} = \frac{\Delta H}{R}\left(\frac{T_1 - T_2}{T_1 T_2}\right) \tag{4.16}$$

计算可知：

$$k_{353} = 1.1k_{373} \tag{4.17}$$

$$k_{298} = 1.6k_{373} \tag{4.18}$$

即将反应温度从 100℃（373K）降低到 80℃（353K），平衡常数仅增大了 10%；降低到 25℃（298K），也仅能增大不足 1 倍。这是因为该反应的热效应（ΔH）很小的缘故。

但从化学动力学的角度来看，温度由 100℃ 降到 80℃，达到平衡所需的时间由 3h 延长到 12h；若进一步降低到 25℃，则反应时间会延长到生产中无价值的程度，因为根据范特霍夫规则，一般认为反应温度每升高 10℃，反应速度增大 2~4 倍。

故从反应平衡和反应速度两方面综合考虑，苛化反应温度保持在 100℃ 左右为宜。

B 浓度

确定反应式（4.12）的平衡，取决于钙化合物的溶解度。$Ca(OH)_2$ 和 $CaCO_3$ 的溶度积常数都很小，在 100℃ 时：

$$c_{Ca}^{2+} \cdot c_{OH^-}^2 = 4 \times 10^{-6} \tag{4.19}$$

$$c_{Ca}^{2+} \cdot c_{CO_3^{2-}} = 4.05 \times 10^{-9} \tag{4.20}$$

但在苛化反应的最初阶段，由于溶液中 OH^- 的浓度很小，因此 $Ca(OH)_2$ 的溶解度比 $CaCO_3$ 的溶解度大得多。Na_2CO_3 只能与溶解的 $Ca(OH)_2$ 起作用，$Ca(OH)_2$ 的 OH^- 转给 Na^+，而 Ca^{2+} 与 CO_3^{2-} 结合变成溶解度更小的 $CaCO_3$ 从溶液中析出。这样，$Ca(OH)_2$ 才能不断地溶解，反应才能继续进行。随着溶液中 $NaOH$ 含量的增加，即溶液中 OH^- 数量的增加，$Ca(OH)_2$ 的溶解度逐渐降低。相反，在上述过程中，由于溶液中 CO_3^{2-} 的浓度逐渐减小，$CaCO_3$ 的溶解度在逐渐增大，直到在整个体系中达到了溶解—沉淀平衡，反应即停止。由 $Ca(OH)_2$ 和 $CaCO_3$ 的溶度积常数也可求得反应式（4.12）的平衡常数：

$$k_{SP} = \frac{c_{Ca^{2+}}c_{OH^-}^2}{c_{Ca^{2+}}c_{CO_3^{2-}}} = \frac{c_{OH^-}^2}{c_{CO_3^{2-}}} = \frac{4 \times 10^{-6}}{4.05 \times 10^{-9}} = 9.87 \times 10^2 \tag{4.21}$$

设溶液中 Na_2CO_3 的初始浓度为 c，反应的平衡转化率为 x，则：

$$k = \frac{(2cx)^2}{c(1-x)} = \frac{4cx^2}{1-x} \tag{4.22}$$

可求得平衡转化率：

$$x = \frac{\sqrt{k^2 + 16kc} - k}{8c} \tag{4.23}$$

由式（4.23）可知，初始溶液中 Na_2CO_3 浓度越小，则 Na_2CO_3 的平衡转化率就越高。

反应式（4.23）在不同温度下的吉布斯自由能 ΔG 见表4.9。

表4.9 不同温度下反应式（4.23）的吉布斯自由能 ΔG

温度/K	298	323	348	398
$\Delta G/kJ \cdot mol^{-1}$	4.364	5.049	5.842	6.740

从表4.9中可以看出，在苛化温度25~125℃范围内，反应式（4.23）的 $\Delta G > 0$，因而硫酸钠的苛化反应是很难发生的，4.3.3.2节的试验结果也证实了这一点。

4.3.3.2 苛化实验及结论

添加不同量的石灰时，苛化原液在95℃下苛化2h 的结果如图4.16~图4.18所示。

从图4.16~图4.18可以看出，随着石灰添加量的增加，Na_2CO_3 苛化率增加，但是 Na_2SO_4 几乎不苛化。

降低碳碱浓度，苛化原液在95℃下苛化2h 的结果如图4.19所示。

从图4.19中可以看出，降低碳碱浓度有利于 Na_2CO_3 苛化，这是因为初始溶液中 Na_2CO_3 浓度越小，则 Na_2CO_3 的平衡转化率就越高，但是 Na_2SO_4 仍然不苛化。

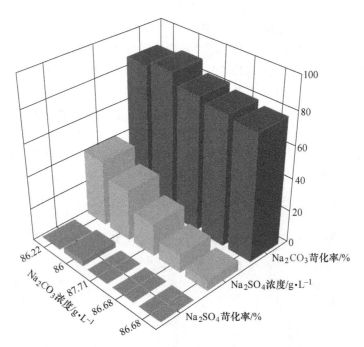

图 4.16　石灰添加量 $CaO/(Na_2CO_3+Na_2SO_4)$ 摩尔比为 1.0 时的苛化结果

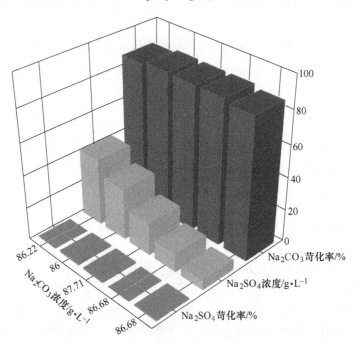

图 4.17　石灰添加量 $CaO/(Na_2CO_3+Na_2SO_4)$ 摩尔比为 1.3 时的苛化结果

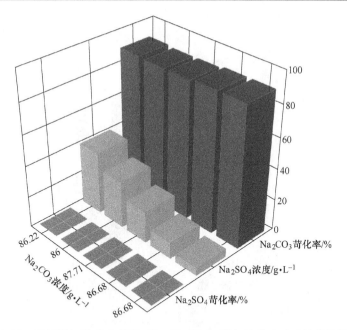

图 4.18 石灰添加量 $CaO/(Na_2CO_3+Na_2SO_4)$ 摩尔比为 1.6 时的苛化结果

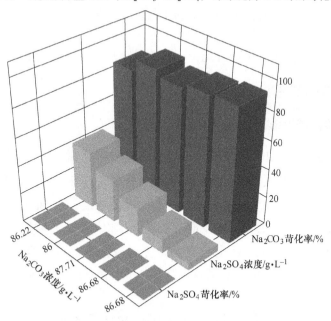

图 4.19 苛化原液在 95℃下的苛化结果

降低苛化温度，苛化原液在 65℃下苛化 2h 的结果如图 4.20 所示。

从图 4.20 可以看出，降低苛化温度对 Na_2CO_3 苛化率影响不大，但是 Na_2SO_4 仍然不苛化。

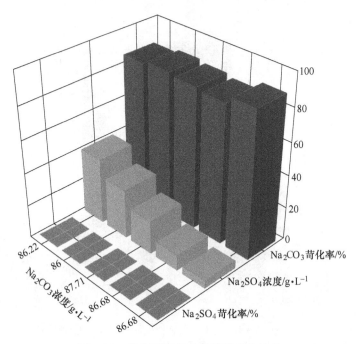

图4.20 苛化原液在65℃下的苛化结果

综上所述，Na_2SO_4几乎不苛化，Na_2CO_3的苛化率一般不低于85%。

4.4 添加添加剂除硫

4.4.1 添加氧化剂除硫

陈文泪等人[80]利用MnO_2脱除工业铝酸钠溶液中的S^{2-}，通过研究发现：

（1）在拜耳法溶出过程中添加MnO_2能有效氧化溶液中的含硫离子。氧化溶出过程中，MnO_2足量的情况下，随着反应时间的增加，S^{2-}和$S_2O_3^{2-}$含量逐渐降低，反应前期SO_3^{2-}含量升高，随反应不断进行，SO_3^{2-}被氧化生成SO_4^{2-}，其含量逐渐降低。而SO_4^{2-}作为最终氧化产物，其含量逐渐增加。而溶出时间一定时，MnO_2添加量增加，溶液中S^{2-}含量逐渐降低，SO_4^{2-}含量逐渐升高，S^{2-}氧化脱除效果明显。

（2）260℃条件下，在拜耳法溶液中加入MnO_2氧化除硫，MnO_2加入量不足时，MnO_2被还原生成$Mn(OH)_2$和Mn_3O_4，S^{2-}被氧化生成$S_2O_3^{2-}$。MnO_2过量时，MnO_2被还原生成Mn_3O_4，含硫离子最终被氧化成为SO_4^{2-}。

（3）拜耳法赤泥本身具有一定的除硫能力。通过赤泥携带可以将拜耳法溶液中的部分硫带出溶液循环系统，从而起到了净化溶液除硫的作用，但是赤泥携带除硫能力有限。矿石硫含量增加到一定程度时，矿石溶出过程进入溶液的硫大于赤泥所能排除的硫，矿石中的硫便会以 S^{2-} 等形态在溶液中逐渐富集。

用 MnO_2 氧化工业铝酸钠溶液脱硫，在溶出过程中添加 MnO_2 即可有效氧化其中的含硫离子，在溶液系统硫含量较低的情况下，可以通过赤泥携带排除最终起到脱硫的目的[81]。该工艺流程简单，设备投资少。然而，由于氧化剂 MnO_2 消耗量大，且原料价格较高，导致除硫成本高。此外，加入的 MnO_2 反应之后产生的锰渣随赤泥进入沉降系统，不仅锰回收困难，而且会增加沉降工序的压力。

铝土矿中的硫在拜耳法溶出过程中造成铁以羟基配合物进入铝酸钠溶液，并会转化为高度分散的氧化亚铁进入产品，导致氧化铝产品中铁杂质含量升高。所以一些科研者在脱硫研究中只关注了溶液中铁浓度的变化。

彭欣等人[82]将 30% 的双氧水加入稀释矿浆中，搅拌反应 15min，实验结果见表 4.10。从实验结果看，双氧水的脱铁效果很好。在 5g/L 加入量时，脱铁率可达 65% 以上。

表 4.10 在稀释矿浆中加入双氧水实验结果表

加入量/g·L^{-1}	未加双氧水 Fe$_2$O$_3$/mg·L^{-1}	加双氧水后 Fe$_2$O$_3$/mg·L^{-1}	脱铁率/%
1	51	37	27.45
2	39	23	41.02
2（95℃）	31	20	35.48
5	39	11	71.79
5（95℃）	31	10	67.74
10	39	9	76.92
10（95℃）	31	9	70.97

彭欣等人[82]也做了工业试验，在稀释槽中加入 27% 的工业双氧水，用量为 2～3g/L，试验结果见表 4.11。

表 4.11 试验前后溶液中铁的变化

项 目	溶出矿浆 Fe$_2$O$_3$/mg·L^{-1}	稀释后矿浆 Fe$_2$O$_3$/mg·L^{-1}	精液 Fe$_2$O$_3$/mg·L^{-1}
试验前	127	36	45
试验后	118	23	30
Fe$_2$O$_3$降低	7.09%	36.11%	33.33%

从表 4.11 中可以看出，溶液中铁的脱除率只有 30% 左右，远不如实验室结果，这主要是受使用环境的影响，双氧水是一种不稳定的强氧化剂，在遇高温时会迅速分解放出氧气，稀释槽的温度在 100℃ 以上，这导致一部分双氧水来不及与溶液接触反应就分解，因此此时的效果只相当于 1g/L 添加量的作用。

彭欣等人[82]在原矿浆中按铝土矿的 0.5%～1.5% 加入硝酸钠加热到 260℃ 进行溶出试验，溶出时间保持在 1h。试验结果见表 4.12。

表 4.12　硝酸钠脱硫实验结果

添加量/%	N_k/g·L^{-1}	N_T/g·L^{-1}	Al_2O_3/g·L^{-1}	S^{2-}/g·L^{-1}	SO_3^{2-}/g·L^{-1}	$S_2O_3^{2-}$/g·L^{-1}	R_p
0	202	227.4	218.74	0.48	0.704	0.605	1.083
0.5	221	248.6	242.43	0	0.83	1	1.097
1	210	234.6	226.6	0	1.016	0.96	1.079
1.5	207	230.6	225.98	0	0.768	0.99	1.092

　　从表 4.12 结果来看，添加 0.5%~1.5% 硝酸钠可以将 S^{2-} 100% 清除，但对 $S_2O_3^{2-}$ 清除效果并不理想。在溶出过程中添加部分硝酸钠可以降低溶液中的铁，改善氧化铝产品质量，但无法消除 $S_2O_3^{2-}$。每吨氧化铝需要消耗 11kg 硝酸钠，按目前的价格计算，成本增加约 22 元。硝酸钠氧化脱硫能够消除 S^{2-} 对氧化铝产品质量的影响，但还不能排除 $S_2O_3^{2-}$ 对设备的影响，存在设备腐蚀隐患，而且矿石中的硫含量超过 0.5% 时，硝酸钠的用量较大，成本很高。

　　刘战伟等人[83]对拜耳法生产氧化铝过程中添加硝酸钠、过氧化氢和氧气三种不同氧化剂氧化除硫效果进行了比较，结果如图 4.21~图 4.23 所示。

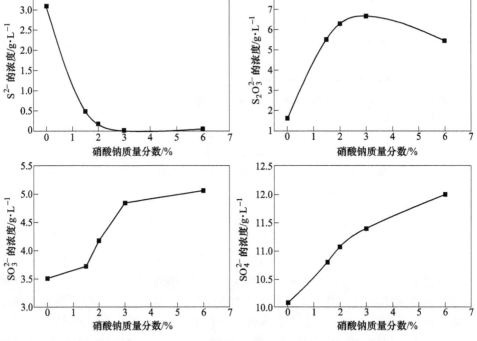

图 4.21　硝酸钠添加量对氧化除硫的影响

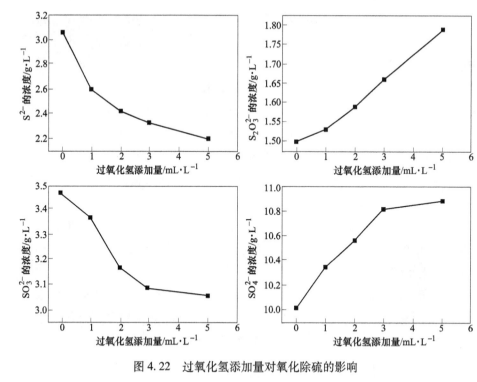

图 4.22 过氧化氢添加量对氧化除硫的影响

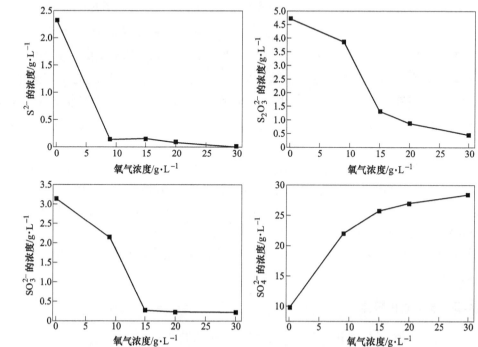

图 4.23 氧气浓度对氧化除硫的影响

从图 4.21 中可以看出，添加质量分数为 1.5% 以上的硝酸钠几乎可以将溶液中 S^{2-} 全部除去，但是对溶液中 $S_2O_3^{2-}$ 的去除效果并不理想。在脱除溶液中 S^{2-} 时，要避免 $S_2O_3^{2-}$ 的生成，因为硫代硫酸钠能够促使金属铁氧化，而硫化钠与氧化产物反应形成可溶的含硫配合物，使腐蚀加剧，其反应为：

$$Fe + Na_2S_2O_3 + 2NaOH \Longrightarrow Na_2S + Na_2SO_4 + Fe(OH)_2 \qquad (4.24)$$

生成的 $Fe(OH)_2$ 一部分被氧化成为磁铁矿，一部分与 Na_2S 反应生成羟基硫代铁酸钠 $Na_2[FeS_2(OH)_2] \cdot 2H_2O$ 进入溶液，使溶液中铁含量增加[84]。添加硝酸钠氧化除硫还会将 NO_3^- 带入铝酸钠溶液中，从而影响氧化铝的后续生产。

从图 4.22 中可以看出，添加双氧水对溶液中 S^{2-} 有一定的去除效果，但是对溶液中 $S_2O_3^{2-}$ 的去除效果并不理想。双氧水会与铝酸钠溶液迅速反应生成氧气，导致其利用率较低。

综上所述，添加氧化剂硝酸钠和双氧水对溶液中 S^{2-} 有一定的去除效果，能够消除 S^{2-} 对氧化铝产品质量的影响，但是它们对 $S_2O_3^{2-}$ 的去除效果并不理想，即不能排除 $S_2O_3^{2-}$ 在氧化铝生产流程中的积累及其带来的一系列问题。

从图 4.23 中可以看出，氧气添加量大于 9g/L 时，溶液中的活性硫 S^{2-} 几乎可以全部被氧化，同时溶液中的活性硫 $S_2O_3^{2-}$ 也明显降低，既能够消除 S^{2-} 对氧化铝产品质量的影响，也能够减缓 $S_2O_3^{2-}$ 对设备的影响。溶液中的 SO_3^{2-} 明显减少，SO_4^{2-} 大幅度增加。这也说明溶液中的活性硫最终被氧化成惰性硫 SO_4^{2-}。从图 4.23 中还可以看出，如果通入大量的氧气（30g/L），不仅溶液中的活性硫 S^{2-} 全部被氧化，同时溶液中的活性硫 $S_2O_3^{2-}$ 也几乎被完全氧化。添加氧气氧化除硫不会带杂质进入溶液，比较清洁，同时氧气的来源广泛，但通入氧气量太大，导致成本太高。

刘战伟等人[83]对氧化铝生产流程中不同脱硫方法的成本进行比较（见图 4.24），从图 4.24 中数据可以看出，添加 H_2O_2 氧化脱硫增加的原料成本最高，添加 $NaNO_3$ 次之，高压通氧气湿法氧化脱硫增加的原料成本最低。同时考虑到采用 $NaNO_3$ 氧化脱硫和采用 H_2O_2 氧化脱硫均不能解决 $Na_2S_2O_3$ 的问题，所以为了达到较好的氧化脱硫效果应该采用高压通氧气湿法氧化的方法进行氧化铝生产过程中的深度脱硫。

4.4.2　添加氧化锌除硫

彭欣等人[82]采用氧化锌作为沉淀剂，硫成为硫化锌沉淀析出，从而降低铁的含量。实验时将氧化锌加入稀释矿浆中，105℃ 保温搅拌 2h，结果见表 4.13。

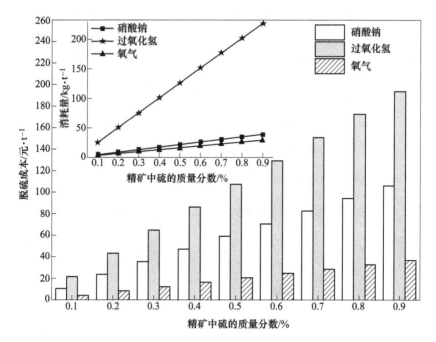

图 4.24　几种深度脱硫方法对硝酸钠、过氧化氢和氧气成本的增加和消耗对比图

表 4.13　稀释矿浆中加入 ZnO 的实验结果

加入量/g·L⁻¹	未加沉淀剂 Fe₂O₃/mg·L⁻¹	加 ZnO 后 Fe₂O₃/mg·L⁻¹	脱铁率/%
0.5	35.8	25.3	29.33
1	35.8	19.4	45.81
2	35.8	10.2	71.51
5	43.3	9.8	77.37
10	43.3	8.7	79.91

从实验结果看，这种方法非常有效，但其缺点是，含锌的材料很贵，对氧化铝生产成本影响很大，在目前这种生产条件下采用此法尚无竞争优势。另外有些钢铁厂高炉烟气的收尘粉料中氧化锌含量达到 10% 以上，曾经有人做过研究，可以用高炉灰作脱硫剂。但高炉灰用量大，每吨氧化铝需添加 50~100kg，增加赤泥量，另外粉尘氧化锌中的其他杂质可能会给铝酸钠溶液带来污染。

李军旗等人[85]研究了在溶出过程添加氧化锌脱硫，考察了矿石硫含量、氧化锌添加量对溶出过程脱硫的影响，结果发现：脱硫剂氧化锌主要与负二价硫离子反应生成硫化锌沉淀，随着氧化锌添加量增加，溶出铝酸钠溶液中的负二价硫含量降低，高价硫硫酸根基本没有变化，见表4.14；随矿石硫含量的增大，氧化铝相对溶出率基本不变，硫溶出率逐渐增大。随着氧化锌添加量逐渐增加，硫溶出率明显减小，氧化铝的相对溶出率有小幅提升，因为氧化锌在反应过程中释放出了碱，有利于氧化铝的溶出，反应见式（4.25）和式（4.26）[86]。当矿石硫含量为1.1%时，添加10%理论量的氧化锌，硫的溶出率可以从18.4%减小到11.15%以下，如图4.25所示。

$$8FeS_2 + 30NaOH \xlongequal{\hspace{1cm}} 4Fe_2O_3 + 14Na_2S + Na_2S_2O_3 + 15H_2O \qquad (4.25)$$

$$ZnO + Na_2S + H_2O \xlongequal{\hspace{1cm}} ZnS + 2NaOH \qquad (4.26)$$

表 4.14　溶出铝酸钠溶液中各价态硫含量

氧化锌添加量%	全硫含量/g·L^{-1}	S^{2-}/g·L^{-1}	高价硫含量/g·L^{-1}
0	4.63	2.1	1.2
10	3.36	1.1	1.1
20	2.87	0.6	1
30	2.53	0	1

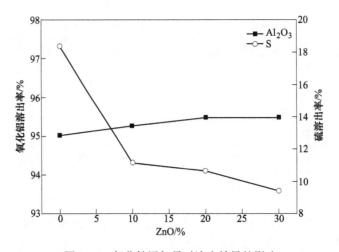

图 4.25　氧化锌添加量对溶出效果的影响

4.4.3　添加钡盐除硫

国内用氢氧化钡对工业铝酸钠溶液除硫的研究较多。用氢氧化钡除硫，除硫率可达99%，除硫工艺简单，设备投资少。但氢氧化钡价格较高，使得除硫费用高，它的制取及除硫渣的回收再生工艺复杂、原材料耗量大。如果用氢氧化钡从硫浓度较高的铝酸钠溶液中除硫，除存在上述缺点外，还会使铝酸钠溶液的苛性比值（α_k）升高，故用氢氧化钡处理种分母液中的硫化较合理[87,88]。

通过文献资料的比较，氧化钡、氢氧化钡和铝酸钡净化工业铝酸钠溶液具有一个共同的特点：都是钡离子与溶液中的硫酸根离子和碳酸根离子反应生成沉淀，从而达到净化溶液的效果，即它们的净化机理相同。其净化的产物成分主要有硫酸钡和碳酸钡及少量的硅酸钡。它们的除硫效果差不多。

4.4.3.1 除硫费用的比较

氧化钡比氢氧化钡多一个焙烧工序，氧化钡的成本要稍贵一些。张念炳[89]通过 $BaAl_2O_4$ 和 $Ba(OH)_2 \cdot 8H_2O$ 两种除硫剂的总成本比较发现，制取 1t $BaAl_2O_4$ 和 $Ba(OH)_2 \cdot 8H_2O$ 的总成本分别为 690 元和 1394 元，即制取 1t 的 $BaAl_2O_4$ 成本仅为 $Ba(OH)_2 \cdot 8H_2O$ 的 51.16%，即可以认为铝酸钡除硫费用约为氢氧化钡除硫费用的一半。故选铝酸钡作为铝酸钠溶液的除硫剂比较经济。

4.4.3.2 铝酸钡除硫的主要净化反应

铝酸钠溶液净化过程中的主要反应如下：

$$BaO \cdot Al_2O_3 + Na_2SO_4 + 4H_2O \longrightarrow BaSO_4 \downarrow + 2NaAl(OH)_4 \quad (4.27)$$
$$BaO \cdot Al_2O_3 + Na_2CO_3 + 4H_2O \longrightarrow BaCO_3 \downarrow + 2NaAl(OH)_4 \quad (4.28)$$

另外，在净化过程中还有如下反应发生：

$$BaO \cdot Al_2O_3 + Na_2SiO_3 + 4H_2O \longrightarrow BaSiO_3 \downarrow + 2NaAl(OH)_4 \quad (4.29)$$
$$Na_2CO_3 + 6NaAl(OH)_4 + 6Na_2SiO_3 \longrightarrow 3Na_2O \cdot 3Al_2O_3 \cdot 6SiO_2 \cdot Na_2CO_3 \downarrow + 12NaOH$$
$$(4.30)$$

4.4.3.3 铝酸钡除硫的工艺流程

因铝酸钡净化工业铝酸钠溶液有除硫率高、效果好、不影响氧化铝生产工艺的特点，所以可以在氧化铝生产流程中增加除硫工艺进行铝酸钠溶液的净化除硫，然后再将这部分净化后的溶液汇入氧化铝的生产流程中去。工艺流程如图4.26所示。

4.4.3.4 净化剂铝酸钡的生产（回收）工艺

铝酸钡的生产（回收）工艺流程如图4.27所示。

综上所述，铝酸钡除硫保持了氧化钡、氢氧化钡除硫率高的特点，还有比氢氧化钡、氧化钡除硫费用低一半左右的优势，并且对氧化铝生产工艺没有大的改动，具有除硫工艺简单，操作方便等优点。所以，铝酸钡除硫有其他除硫剂无法相比的优点。

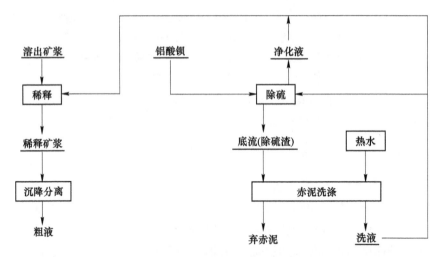

图 4.26　铝酸钡除硫工艺流程

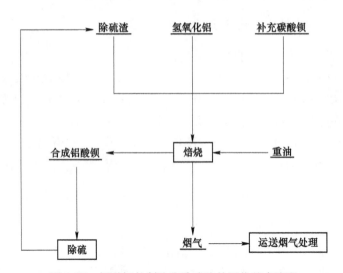

图 4.27　铝酸钡的制取和除硫渣的回收基本流程

4.4.4　添加复合脱硫剂除硫

李军旗等人[85]研究了氧化锌和铝酸钡复合脱硫剂在溶出过程中的脱硫效果，实验表明：氧化锌和铝酸钡按一定比例混合形成复合的脱硫剂，在溶出过程中可以将负二价硫离子沉淀脱除，同时可以和硫酸根离子反应生成硫酸钡沉淀；矿石中硫含量越高，硫溶出率越大，氧化铝溶出率基本不变；随着复合脱硫剂添加量逐渐增大，硫溶出率明显减小，氧化铝溶出率有一定提高，见表 4.15；当矿石硫含量为 1.1% 时，氧化锌和铝酸钡不同配比复合脱硫剂对溶出效果的影响见表

4.16，添加 10%理论添加量氧化锌和 40%理论添加量铝酸钡的复合脱硫剂，硫的溶出率可以从 18.4%减小到 10.87%以下。

表 4.15　复合脱硫剂添加量对溶出效果的影响　　　　　　（%）

序号	复合脱硫剂添加量	η_{Al}	$\eta_{S溶}$
1	10	95.19	11.08
2	20	95.24	10.02
3	30	95.33	8.33
4	40	95.43	6.78
5	50	95.55	5.64
6	60	95.55	4.51
7	70	95.59	3.77
8	80	96.22	2.76
9	90	96.57	1.88
100	100	96.85	0

注：矿石硫含量 1.1%，1∶1 混合脱硫剂，碱浓度 255g/L，溶出温度 250℃，溶出时间 70min，石灰添加量 6%。

表 4.16　氧化锌和铝酸钡不同配比复合脱硫剂对溶出效果的影响

序　号	铝酸钡/%	氧化锌/%	$\eta_{Al相}$/%	$\eta_{S溶}$/%
1	40	6	95.67	13.51
2	40	8	95.64	11.73
3	40	10	95.73	10.87
4	40	12	95.77	10.36
5	40	14	95.80	9.65
6	20	10	95.38	11.03
7	30	10	95.55	10.99
8	40	10	95.75	10.87
9	50	10	95.92	10.76
10	60	10	96.20	10.51

李军旗等人[85]对在溶出过程中添加氧化锌、铝酸钡、氧化锌和铝酸钡复合添加剂除硫技术进行了经济分析，在优化溶出过程中添加铝酸钡 20%~100%理论量，生产 1t 氧化铝所负担的脱硫剂费用会从 15.1 元增加到 77.3 元。在优化溶出过程中添加氧化锌 10%~30%理论量，生产 1t 氧化铝所增加的脱硫剂费用会从

38.2 元增加到 114.6 元。添加 40%理论量铝酸钡可使硫溶出率降低到 16.49%，脱硫剂费用为 30.1 元。添加 10%理论量氧化锌可使硫溶出率降低到 11.15%，脱硫剂费用为 38.3 元。对比添加 20%理论量氧化锌脱硫剂费用 76.4 元，复合脱硫剂所需费用 68.3 元更经济。添加 20%理论量氧化锌硫溶出率为 10.64%，添加复合脱硫剂硫溶出率为 10.87%，硫溶出率相差不大。综合考虑，复合脱硫剂更经济。因此，在优化溶出过程添加 40%理论量的铝酸钡与 10%理论量的氧化锌处理硫含量为 1.1%的矿石，氧化铝溶出率为 95.73%，硫溶出率为 10.87%，生产 1t 氧化铝所需脱硫剂费用为 68.3 元。

4.5　结晶法除硫

铝酸钠溶液是复杂的多组分溶液，其中硫主要以硫酸钠形式存在。硫酸钠的物理化学特性表明，Na_2O 浓度的增大，或溶液温度下降，都会使 Na_2SO_4 的溶解度急剧下降，因此结晶法是一种有效的除硫方法，尤其应用在纯拜耳法工艺。国外曾经进行过种分母液冷冻结晶排硫的工业实践，即分解母液蒸发前经过两次降温处理，先将溶液冷却，使硫酸钠和碳酸钠以复盐形式析出，加石灰使碳酸钠苛化成氢氧化钠分离，之后的溶液再冷却使硫酸钠析出，并取得了良好的经济效益。李刚等人[90]也进行过这方面的研究，主要方法是对蒸发母液进行降温（一般降至 60℃ 左右），用这种方法每处理 $1m^3$ 母液可排除约 2kg 硫，效果是显著的。利用硫酸盐溶解度随温度变化的特性进行脱硫是一种非常实用的方法，不但能够避免溶液二次污染，还可以得到副产品产生经济效益。

4.6　湿法还原除硫

刘战伟等人[91]研究了湿式还原法抑制铝酸钠溶液中 S^{2-} 氧化的脱硫方法，与近几年比较热门的湿式氧化法脱除铝酸钠溶液中硫的方法相比，该脱硫新方法是通过在溶出过程中加入还原剂来抑制进入溶液中的 S^{2-} 氧化成 $S_2O_3^{2-}$、SO_3^{2-}、SO_4^{2-}，并使 S^{2-} 以沉淀的形式进入赤泥，从而使溶液中 S^{2-}、$S_2O_3^{2-}$、SO_3^{2-}、SO_4^{2-} 及总硫的含量大幅度降低，最终使铝酸钠溶液中硫的去除率达到 96%以上。该方法不会为了除流程中 S^{2-} 氧化成的硫酸盐而增加排盐苛化工序，也不会由于氧气和氢气的存在而产生任何安全风险。

4.6.1　湿法还原高价硫的热力学计算

4.6.1.1　碳还原高价硫反应标准吉布斯自由能计算

碳还原高价硫生成低价硫的反应见表 4.17。根据不同的化学反应，采用 FactSage 7.0 软件对反应标准吉布斯自由能进行计算，并绘制得到 $\Delta G^{\ominus}$-T 图，当同一高价硫被还原时，可以得到图 4.28（a）~（e），所有图放在一起比较，结果如图 4.28（f）所示。当生成同一价态硫时，结果如图 4.29（a）~（e）所示。

表 4.17 碳还原高价硫的相关化学反应

离子	化学反应方程式	序号
S_2^{2-}	$S_2^{2-}(aq)+1/2C(s)+3OH^-(aq)\!=\!=\!=\!2S^{2-}(aq)+1/2CO_3^{2-}(aq)+3/2H_2O(l)$	(1)
S	$S(s,l)+1/2C(s)+3OH^-(aq)\!=\!=\!=\!S^{2-}(aq)+1/2CO_3^{2-}(aq)+3/2H_2O(l)$	(2)
	$S(s,l)+1/4C(s)+3/2OH^-(aq)\!=\!=\!=\!1/2S_2^{2-}(aq)+1/4CO_3^{2-}(aq)+3/4H_2O(l)$	(3)
$S_2O_3^{2-}$	$S_2O_3^{2-}(aq)+2C(s)+6OH^-(aq)\!=\!=\!=\!2S^{2-}(aq)+2CO_3^{2-}(aq)+3H_2O(l)$	(4)
	$S_2O_3^{2-}(aq)+3/2C(s)+3OH^-(aq)\!=\!=\!=\!S_2^{2-}(aq)+3/2CO_3^{2-}(aq)+3/2H_2O(l)$	(5)
	$S_2O_3^{2-}(aq)+C(s)\!=\!=\!=\!2S(s,l)+CO_3^{2-}(aq)$	(6)
SO_3^{2-}	$SO_3^{2-}(aq)+3/2C(s)+3OH^-(aq)\!=\!=\!=\!S^{2-}(aq)+3/2CO_3^{2-}(aq)+3/2H_2O(l)$	(7)
	$SO_3^{2-}(aq)+5/4C(s)+3/2OH^-(aq)\!=\!=\!=\!1/2S_2^{2-}(aq)+5/4CO_3^{2-}(aq)+3/4H_2O(l)$	(8)
	$SO_3^{2-}(aq)+C(s)\!=\!=\!=\!S(s,l)+CO_3^{2-}(aq)$	(9)
	$SO_3^{2-}(aq)+1/2C(s)\!=\!=\!=\!1/2S_2O_3^{2-}(aq)+1/2CO_3^{2-}(aq)$	(10)
SO_4^{2-}	$SO_4^{2-}(aq)+2C(s)+4OH^-(aq)\!=\!=\!=\!S^{2-}(aq)+2CO_3^{2-}(aq)+2H_2O(l)$	(11)
	$SO_4^{2-}(aq)+7/4C(s)+5/2OH^-(aq)\!=\!=\!=\!1/2S_2^{2-}(aq)+7/4CO_3^{2-}(aq)+5/4H_2O(l)$	(12)
	$SO_4^{2-}(aq)+3/2C(s)+OH^-(aq)\!=\!=\!=\!S(s,l)+3/2CO_3^{2-}(aq)+1/2H_2O(l)$	(13)
	$SO_4^{2-}(aq)+C(s)+OH^-(aq)\!=\!=\!=\!1/2S_2O_3^{2-}(aq)+CO_3^{2-}(aq)+1/2H_2O(l)$	(14)
	$SO_4^{2-}(aq)+1/2C(s)+OH^-(aq)\!=\!=\!=\!SO_3^{2-}(aq)+1/2CO_3^{2-}(aq)+1/2H_2O(l)$	(15)

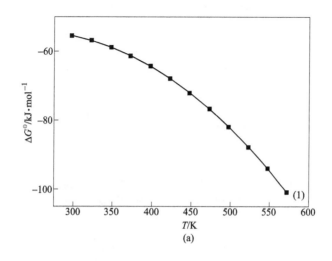

(a)

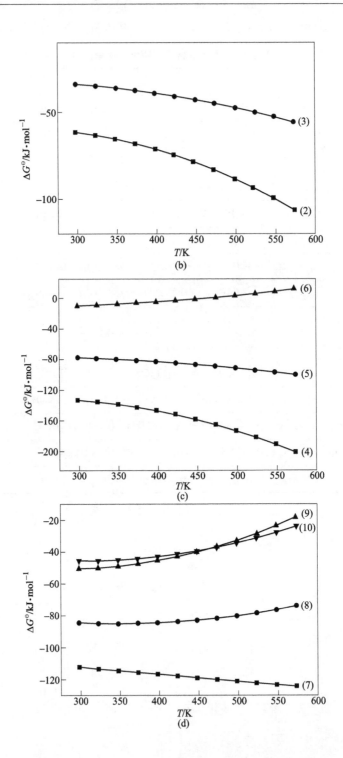

(b)

(c)

(d)

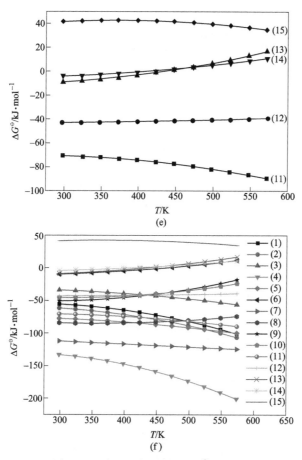

图 4.28 碳还原高价硫的 $\Delta G^{\ominus}$-T 图 I

（按同一反应物划分，图中反应对应表 4.17）

（a）S_2^{2-}；（b）S；（c）$S_2O_3^{2-}$；（d）SO_3^{2-}；（e）SO_4^{2-}；（f）总图

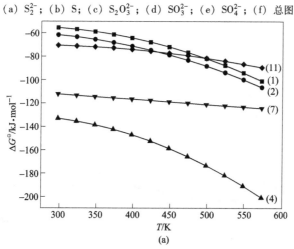

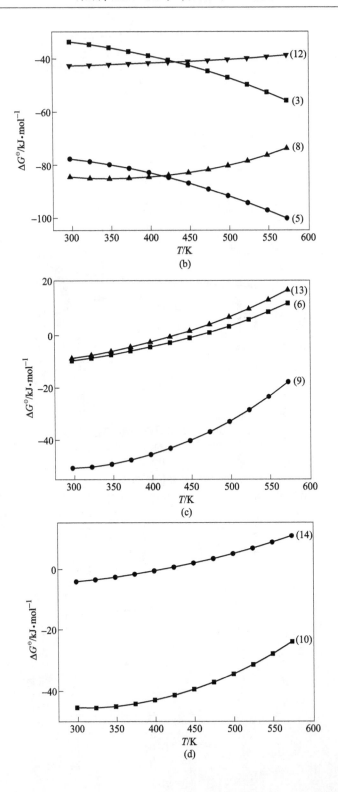

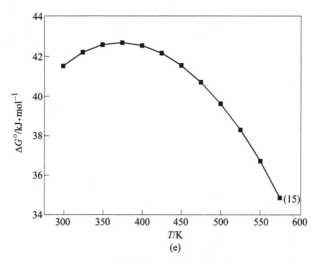

图 4.29 碳还原高价硫的 $\Delta G^{\ominus}$-T 图 Ⅱ

(按同一生成物划分，图中反应对应表 4.17)

(a) S^{2-}；(b) S_2^{2-}；(c) S；(d) $S_2O_3^{2-}$；(e) SO_3^{2-}

结合图 4.28 和图 4.29 可以看出，当同种高价态被还原时，生成物价态越低，$\Delta G^{\ominus}$ 值越负，即容易得到生成物的顺序为：$S^{2-}>S_2^{2-}>S>S_2O_3^{2-}>SO_3^{2-}$。对于不同的高价硫反应物，如图 4.28（f）所示，碳还原硫代硫酸盐最容易，$\Delta G^{\ominus}$（表 4.17 反应（4），523K）= -181.80kJ/mol，其次还原亚硫酸盐，$\Delta G^{\ominus}$（表 4.17 反应（7），523K）= -122.29kJ/mol。表 4.17 反应（15）的 $\Delta G^{\ominus}$ 最大，$\Delta G^{\ominus}$（表 4.17 反应（15），523K）= 38.27kJ/mol。从图 4.29 看出，生成不同类型的价态硫时，不同高价硫被还原的容易顺序不一致。由于在图 4.28 中不同高价硫被碳还原均是最容易被还原为 S^{2-}，因此可根据图 4.29（a）比较生成 S^{2-} 时的不同高价硫的反应顺序。$\Delta G^{\ominus}$（523K）值见表 4.18 所示，可以得到不同价态硫被还原的容易顺序为：$S_2O_3^{2-}>SO_3^{2-}>S$、S_2^{2-}、SO_4^{2-}，SO_4^{2-}、S 和 S_2^{2-} 被碳还原的能力相差不大，523K 时，$S>S_2^{2-}>SO_4^{2-}$。

表 4.18 不同高价硫被还原生成 S^{2-} 时的 $\Delta G^{\ominus}$ 值（T=523K）

表 4.17 中的反应	(4)	(7)	(2)	(1)	(11)
反应物	$S_2O_3^{2-}$	SO_3^{2-}	S	S_2^{2-}	SO_4^{2-}
$\Delta G^{\ominus}$/kJ·mol⁻¹	-181.80	-122.29	-93.76	-87.67	-84.02

4.6.1.2 铁还原高价硫生成 $Fe(OH)_2$ 标准吉布斯自由能计算

铁还原高价硫会生成 $Fe(OH)_2$ 与 $Fe(OH)_3$ 两类沉淀，对于生成 $Fe(OH)_2$ 的化学反应见表 4.19。根据不同的化学反应，采用 FactSage 7.0 软件对反应标准吉布斯自由能进行计算，并绘制得到 $\Delta G^{\ominus}$-T 图。类似碳还原绘图方法，当同一高价硫被还原时，可以得到图 4.30（a）~（e），所有图放在一起比较，结果如图 4.30（f）所示。当生成同一价态硫时，结果如图 4.31（a）~（e）所示。

表 4.19　铁还原高价硫生成 Fe(OH)$_2$ 的相关化学反应

离子	化学反应方程式	序号
S_2^{2-}	$S_2^{2-}(aq)+Fe(s)+2OH^-(aq)\!=\!\!=\!2S^{2-}(aq)+Fe(OH)_2(s)$	(1)
S	$S(s,l)+Fe(s)+2OH^-(aq)\!=\!\!=\!S^{2-}(aq)+Fe(OH)_2(s)$	(2)
	$S(s,l)+1/2Fe(s)+OH^-(aq)\!=\!\!=\!1/2S_2^{2-}(aq)+1/2Fe(OH)_2(s)$	(3)
$S_2O_3^{2-}$	$S_2O_3^{2-}(aq)+4Fe(s)+2OH^-(aq)+3H_2O(l)\!=\!\!=\!2S^{2-}(aq)+4Fe(OH)_2$	(4)
	$S_2O_3^{2-}(aq)+3Fe(s)+3H_2O(l)\!=\!\!=\!S_2^{2-}(aq)+3Fe(OH)_2(s)$	(5)
	$S_2O_3^{2-}(aq)+2Fe(s)+3H_2O(l)\!=\!\!=\!2S(s,l)+2Fe(OH)_2(s)+2OH^-(aq)$	(6)
SO_3^{2-}	$SO_3^{2-}(aq)+3Fe(s)+3H_2O(l)\!=\!\!=\!S^{2-}(aq)+3Fe(OH)_2(s)$	(7)
	$SO_3^{2-}(aq)+5/2Fe(s)+3H_2O(l)\!=\!\!=\!1/2S_2^{2-}(aq)+5/2Fe(OH)_2(s)+OH^-(aq)$	(8)
	$SO_3^{2-}(aq)+2Fe(s)+3H_2O(l)\!=\!\!=\!S(s,l)+2Fe(OH)_2(s)+2OH^-(aq)$	(9)
	$SO_3^{2-}(aq)+Fe(s)+3/2H_2O(l)\!=\!\!=\!1/2S_2O_3^{2-}(aq)+Fe(OH)_2(s)+OH^-(aq)$	(10)
SO_4^{2-}	$SO_4^{2-}(aq)+4Fe(s)+4H_2O(l)\!=\!\!=\!S^{2-}(aq)+4Fe(OH)_2$	(11)
	$SO_4^{2-}(aq)+7/2Fe(s)+4H_2O(l)\!=\!\!=\!1/2S_2^{2-}(aq)+7/2Fe(OH)_2(s)+OH^-(aq)$	(12)
	$SO_4^{2-}(aq)+3Fe(s)+4H_2O(l)\!=\!\!=\!S(s,l)+3Fe(OH)_2(s)+2OH^-(aq)$	(13)
	$SO_4^{2-}(aq)+2Fe(s)+5/2H_2O(l)\!=\!\!=\!1/2S_2O_3^{2-}(aq)+2Fe(OH)_2(s)+OH^-(aq)$	(14)
	$SO_4^{2-}(aq)+Fe(s)+H_2O(l)\!=\!\!=\!SO_3^{2-}(aq)+Fe(OH)_2(s)$	(15)

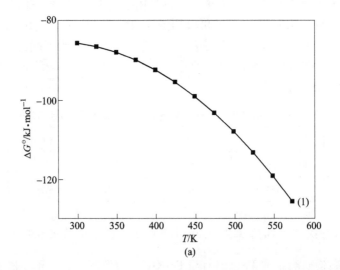

(a)

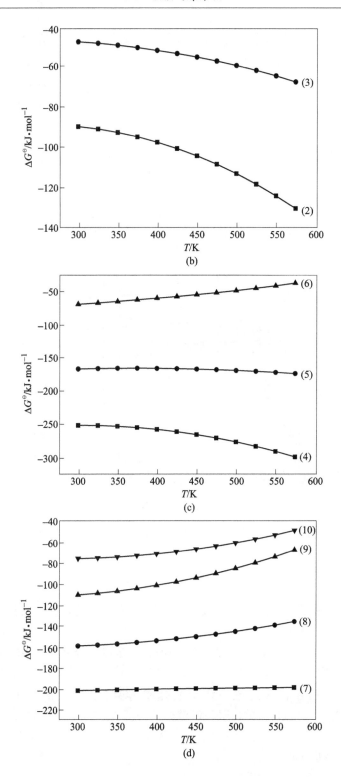

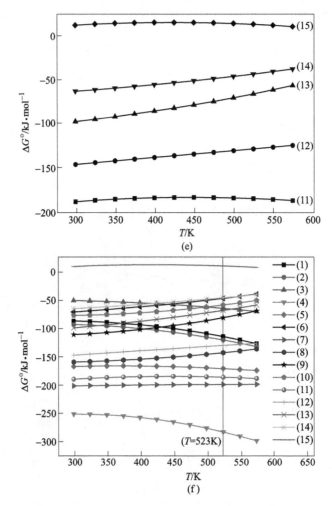

图 4.30　铁还原高价硫反应生成 $Fe(OH)_2$ 的 $\Delta G^{\ominus}$-T 图 I

（按同一反应物划分，图中反应对应表 4.19）

(a) S_2^{2-}；(b) S；(c) $S_2O_3^{2-}$；(d) SO_3^{2-}；(e) SO_4^{2-}；(f) 总图

　　如图 4.30 所示，不同价态的硫均能被铁还原。不同高价硫被还原为低价硫的反应中，$\Delta G^{\ominus}$ 值最负的均是生成 S^{2-} 的反应，即表 4.19 中反应（1）（2）（4）（7）和（11）。当同一价态硫被还原时，生成物价态越低，$\Delta G^{\ominus}$ 值越负，即容易得到生成物的顺序为：S^{2-}>S_2^{2-}>S>$S_2O_3^{2-}$>SO_3^{2-}。对于不同的高价硫反应物，如图 4.30（f）所示，铁还原硫代硫酸盐最容易，$\Delta G^{\ominus}$（表 4.19 反应（4），523K）= −283.16kJ/mol，其次还原亚硫酸盐，$\Delta G^{\ominus}$（表 4.19 反应（7），523K）= −198.31kJ/mol，表 4.19 反应（15）最不容易发生，$\Delta G^{\ominus}$（表 4.19 反应（15），523K）= 12.93kJ/mol。

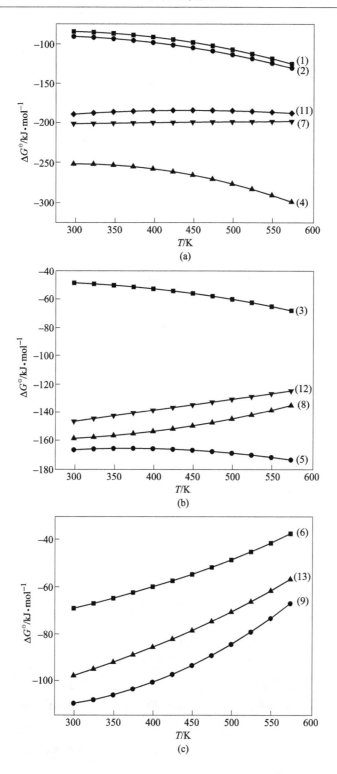

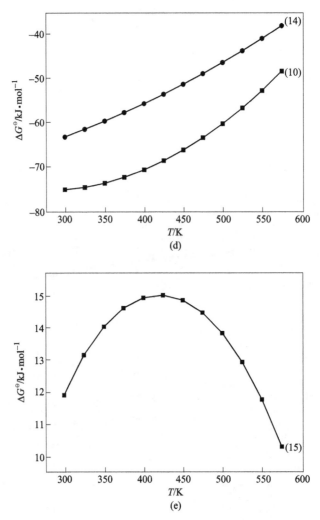

图 4.31　铁还原高价硫生成 $Fe(OH)_2$ 的 $\Delta G^{\ominus}\text{-}T$ 图 II

（按同一生成物划分，图中反应对应表 4.19）

(a) S^{2-}；(b) S_2^{2-}；(c) S；(d) $S_2O_3^{2-}$；(e) SO_3^{2-}

　　从图 4.31 看出，生成不同类型的价态硫时，不同高价硫被还原的容易顺序不一致。由于在图 4.30 中不同高价硫被铁还原均是最容易被还原为 S^{2-}，因此可根据图 4.31 (a) 比较生成 S^{2-} 时的不同高价硫的反应顺序。$\Delta G^{\ominus}$（523K）值见表 4.20，可以得到不同价态硫被还原的容易顺序为：$S_2O_3^{2-} > SO_3^{2-} > SO_4^{2-} > S > S_2^{2-}$，且 S 和 S_2^{2-} 被铁还原的能力相差不大。可以推断如果存在足够的铁，反应时间足够长，铝酸钠溶液最终将以 S^{2-} 稳定存在，且溶液中 $S_2O_3^{2-}$ 稳定存在性最低。

表 4.20 不同高价硫被铁还原生成 S^{2-} 和 $Fe(OH)_2$ 时的 $\Delta G^{\ominus}$ 值

表 4.19 中的反应	(4)	(7)	(11)	(2)	(1)
反应物	$S_2O_3^{2-}$	SO_3^{2-}	SO_4^{2-}	S	S_2^{2-}
$\Delta G^{\ominus}/kJ \cdot mol^{-1}$	-283.16	-198.31	-185.38	-119.10	-113.01

4.6.1.3 铁还原高价硫生成 $Fe(OH)_3$ 标准吉布斯自由能计算

铁还原高价硫会生成 $Fe(OH)_2$ 与 $Fe(OH)_3$ 两类沉淀，对于生成 $Fe(OH)_3$ 的化学反应见表 4.21。根据不同的化学反应，采用 FactSage 7.0 软件对反应标准吉布斯自由能进行计算，并绘制得到 $\Delta G^{\ominus}$-T 图。类似碳还原绘图方法，当同一高价硫被还原时，可以将图 4.32（a）~（e）所有结果放在一起比较，结果如图 4.32（f）所示。当生成同一价态硫时，结果如图 4.33（a）~（e）所示。

表 4.21 铁还原高价硫生成 $Fe(OH)_3$ 的相关化学反应

离子	化学反应方程式	序号
S_2^{2-}	$S_2^{2-}(aq)+2/3Fe(s)+2OH^-(aq)\Longrightarrow 2S^{2-}(aq)+2/3Fe(OH)_3(s)$	(1)
S	$S(s,l)+2/3Fe(s)+2OH^-(aq)\Longrightarrow S^{2-}(aq)+2/3Fe(OH)_3(s)$	(2)
	$S(s,l)+1/3Fe(s)+OH^-(aq)\Longrightarrow 1/2S_2^{2-}(aq)+1/3Fe(OH)_3(s)$	(3)
$S_2O_3^{2-}$	$S_2O_3^{2-}(aq)+8/3Fe(s)+2OH^-(aq)+3H_2O(l)\Longrightarrow 2S^{2-}(aq)+8/3Fe(OH)_3(s)$	(4)
	$S_2O_3^{2-}(aq)+2Fe(s)+3H_2O(l)\Longrightarrow S_2^{2-}(aq)+2Fe(OH)_3(s)$	(5)
	$S_2O_3^{2-}(aq)+4/3Fe(s)+3H_2O(l)\Longrightarrow 2S(s,l)+4/3Fe(OH)_3(s)+2OH^-(aq)$	(6)
SO_3^{2-}	$SO_3^{2-}(aq)+2Fe(s)+3H_2O(l)\Longrightarrow S^{2-}(aq)+2Fe(OH)_3(s)$	(7)
	$SO_3^{2-}(aq)+2/3Fe(s)+3H_2O(l)\Longrightarrow 1/2S_2^{2-}(aq)+2/3Fe(OH)_3(s)+OH^-(aq)$	(8)
	$SO_3^{2-}(aq)+4/3Fe(s)+3H_2O(l)\Longrightarrow S(s,l)+4/3Fe(OH)_3(s)+2OH^-(aq)$	(9)
	$SO_3^{2-}(aq)+2/3Fe(s)+3/2H_2O(l)\Longrightarrow 1/2S_2O_3^{2-}(aq)+2/3Fe(OH)_3(s)+OH^-(aq)$	(10)
SO_4^{2-}	$SO_4^{2-}(aq)+8/3Fe(s)+4H_2O(l)\Longrightarrow S^{2-}(aq)+8/3Fe(OH)_3(s)$	(11)
	$SO_4^{2-}(aq)+7/3Fe(s)+4H_2O(l)\Longrightarrow 1/2S_2^{2-}(aq)+7/3Fe(OH)_3(s)+OH^-(aq)$	(12)
	$SO_4^{2-}(aq)+2Fe(s)+4H_2O(l)\Longrightarrow S(s,l)+2Fe(OH)_3(s)+2OH^-(aq)$	(13)
	$SO_4^{2-}(aq)+4/3Fe(s)+5/2H_2O(l)\Longrightarrow 1/2S_2O_3^{2-}(aq)+4/3Fe(OH)_3(s)+OH^-(aq)$	(14)
	$SO_4^{2-}(aq)+2/3Fe(s)+H_2O(l)\Longrightarrow SO_3^{2-}(aq)+2/3Fe(OH)_3(s)$	(15)

如图 4.32 所示，不同价态的硫均能被铁还原生成 $Fe(OH)_3$ 沉淀。不同高价硫被还原为低价硫的反应中，$\Delta G^{\ominus}$ 值最负的均是生成 S^{2-} 的反应，即表 4.21 中反应（1）（2）（4）（7）和（11）。当同一价态硫被还原时，生成物价态越低，$\Delta G^{\ominus}$ 值越负，即容易得到生成物的顺序为：$S^{2-}>S_2^{2-}>S>S_2O_3^{2-}>SO_3^{2-}$。对于不同的高价硫反应物，如图 4.32（f）所示，铁还原硫代硫酸盐最容易，$\Delta G^{\ominus}$（表 4.21 反应（4），523K）= -183.77kJ/mol，其次还原亚硫酸盐，$\Delta G^{\ominus}$（表 4.21 反

应（7），523K）= − 123.77kJ/mol，表 4.21 中反应（15）最不容易发生，$\Delta G^{\ominus}$（表 4.21 反应（15），523K）= 37.78kJ/mol。

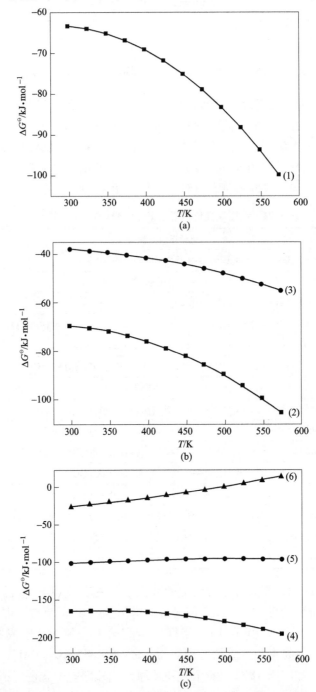

(a)

(b)

(c)

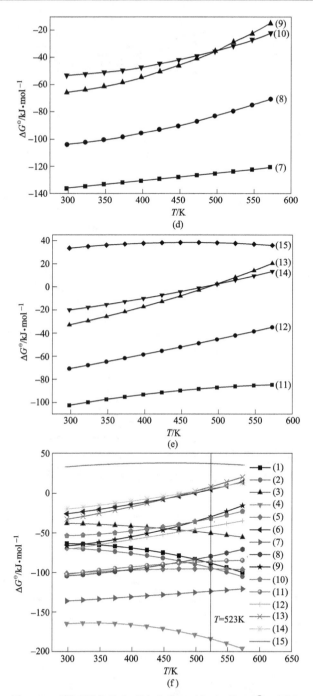

图 4.32 铁还原高价硫反应生成 $Fe(OH)_3$ 的 $\Delta G^{\ominus}$-T 图 I

（按同一反应物划分，图中反应对应表 4.21）

(a) S_2^{2-}；(b) S；(c) $S_2O_3^{2-}$；(d) SO_3^{2-}；(e) SO_4^{2-}；(f) 总图

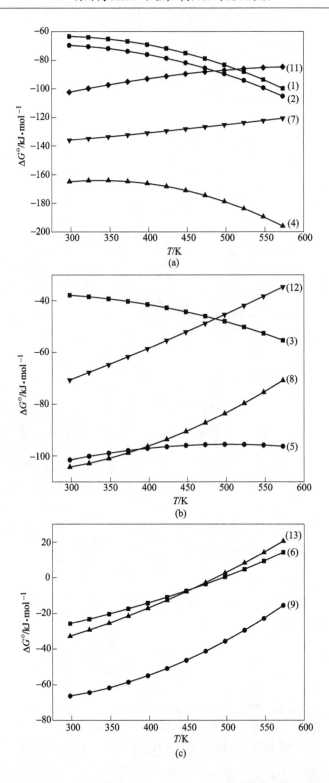

(a)

(b)

(c)

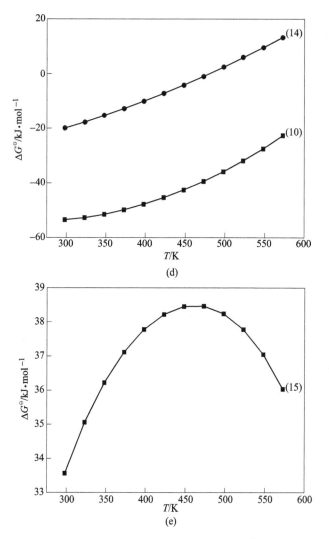

图 4.33 铁还原高价硫生成 Fe(OH)$_3$ 的 $\Delta G^{\ominus}$-T 图 II

（按同一生成物划分，图中反应对应表 4.21）

(a) S^{2-}；(b) S$_2^{2-}$；(c) S；(d) S$_2$O$_3^{2-}$；(e) SO$_3^{2-}$

从图 4.33 看出，生成不同类型的价态硫时，不同高价硫被还原的容易顺序不一致。由于在图 4.32 中不同高价硫被铁还原均是被还原为 S^{2-} 最容易，因此可根据图 4.33 (a) 比较生成 S^{2-} 时判断不同高价硫的反应顺序。$\Delta G^{\ominus}$（523K）值见表 4.22，可以得到不同价态硫被还原的容易顺序为：S$_2$O$_3^{2-}$>SO$_3^{2-}$>S、S$_2^{2-}$、SO$_4^{2-}$，且 S 和 S$_2^{2-}$ 被铁还原的能力相差不大，523K 时，S>S$_2^{2-}$>SO$_4^{2-}$。如果存在足够的铁，反应时间足够长，铝酸钠溶液最终将以 S^{2-} 稳定存在，S$_2$O$_3^{2-}$ 稳定存在性最低。

表 4.22　不同高价硫被铁还原生成 S^{2-} 和 $Fe(OH)_3$ 时的 $\Delta G^{\ominus}$ 值

表 4.21 中的反应	(4)	(7)	(11)	(2)	(1)
反应物	$S_2O_3^{2-}$	SO_3^{2-}	SO_4^{2-}	S	S_2^{2-}
$\Delta G^{\ominus}/kJ \cdot mol^{-1}$	-183.77	-123.77	-85.99	-94.25	-88.16

4.6.1.4　铝还原高价硫生成 $NaAlO_2$ 的热力学计算

铝还原高价硫生成低价硫的反应见表 4.23 所示。根据不同的化学反应，采用 FactSage 7.0 软件对反应标准吉布斯自由能进行计算，并绘制得到 $\Delta G^{\ominus}$-T 图，当同一高价硫被还原时，得到图 4.34（a）~（e），所有图放在一起比较，结果如图 4.34（f）所示。当生成同一价态硫时，结果如图 4.35（a）~（e）所示。

表 4.23　铝还原高价硫生成 $NaAlO_2$ 的相关化学反应

离子	化学反应方程式	序号
S_2^{2-}	$S_2^{2-}(aq)+2/3Al(s)+8/3OH^-(aq)\Longrightarrow 2S^{2-}(aq)+2/3AlO_2^-(aq)+4/3H_2O(l)$	(1)
S	$S(s,l)+2/3Al(s)+8/3OH^-(aq)\Longrightarrow S^{2-}(aq)+2/3AlO_2^-(aq)+4/3H_2O(l)$	(2)
	$S(s,l)+1/3Al(s)+4/3OH^-(aq)\Longrightarrow 1/2S_2^{2-}(aq)+1/3AlO_2^-(aq)+2/3H_2O(l)$	(3)
$S_2O_3^{2-}$	$S_2O_3^{2-}(aq)+8/3Al(s)+14/3OH^-(aq)\Longrightarrow 2S^{2-}(aq)+8/3AlO_2^-(aq)+7/3H_2O(l)$	(4)
	$S_2O_3^{2-}(aq)+2Al(s)+2OH^-(aq)\Longrightarrow S_2^{2-}(aq)+2AlO_2^-(aq)+H_2O(l)$	(5)
	$S_2O_3^{2-}(aq)+4/3Al(s)+1/3H_2O(l)\Longrightarrow 2S(s,l)+4/3AlO_2^-(aq)+2/3OH^-(aq)$	(6)
SO_3^{2-}	$SO_3^{2-}(aq)+2Al(s)+2OH^-(aq)\Longrightarrow S^{2-}(aq)+2AlO_2^-(aq)+H_2O(l)$	(7)
	$SO_3^{2-}(aq)+5/3Al(s)+2/3OH^-(aq)\Longrightarrow 1/2S_2^{2-}(aq)+5/3AlO_2^-(aq)+1/3H_2O(l)$	(8)
	$SO_3^{2-}(aq)+4/3Al(s)+1/3H_2O(l)\Longrightarrow S(s,l)+4/3AlO_2^-(aq)+2/3OH^-(aq)$	(9)
	$SO_3^{2-}(aq)+2/3Al(s)+1/6H_2O(l)\Longrightarrow 1/2S_2O_3^{2-}(aq)+2/3AlO_2^-(aq)+1/3OH^-(aq)$	(10)
SO_4^{2-}	$SO_4^{2-}(aq)+8/3Al(s)+8/3OH^-(aq)\Longrightarrow S^{2-}(aq)+8/3AlO_2^-(aq)+4/3H_2O(l)$	(11)
	$SO_4^{2-}(aq)+7/3Al(s)+4/3OH^-(aq)\Longrightarrow 1/2S_2^{2-}(aq)+7/3AlO_2^-(aq)+2/3H_2O(l)$	(12)
	$SO_4^{2-}(aq)+2Al(s)\Longrightarrow S(s,l)+2AlO_2^-(aq)$	(13)
	$SO_4^{2-}(aq)+4/3Al(s)+1/3OH^-(aq)\Longrightarrow 1/2S_2O_3^{2-}(aq)+4/3AlO_2^-(aq)+1/6H_2O(l)$	(14)
	$SO_4^{2-}(aq)+2/3Al(s)+2/3OH^-(aq)\Longrightarrow SO_3^{2-}(aq)+2/3AlO_2^-(aq)+1/3H_2O(l)$	(15)

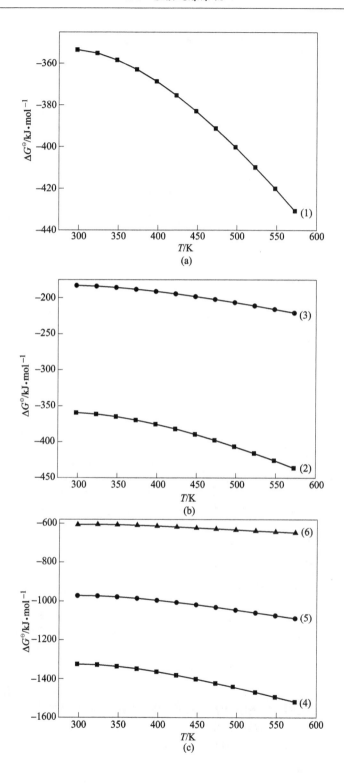

(a)

(b)

(c)

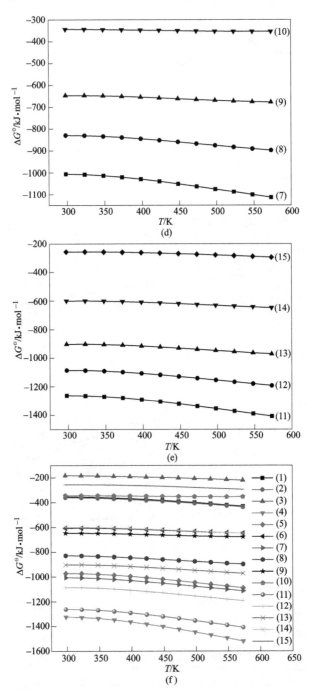

图 4.34 铝还原高价硫反应生成 $NaAlO_2$ 的 $\Delta G^{\ominus}\text{-}T$ 图

（按同一反应物划分，图中反应对应表 4.23）

(a) S_2^{2-}；(b) S；(c) $S_2O_3^{2-}$；(d) SO_3^{2-}；(e) SO_4^{2-}；(f) 总图

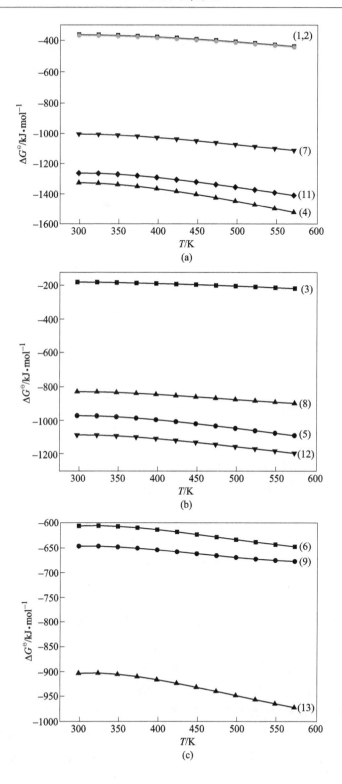

(a)

(b)

(c)

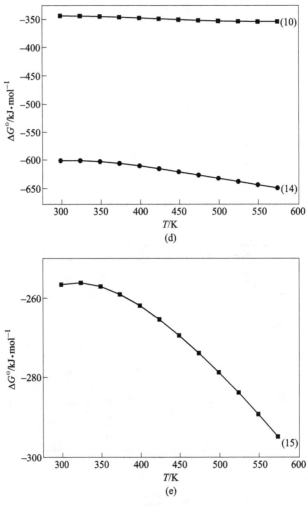

图 4.35　铝还原高价硫的 $\Delta G^{\ominus}$-T 图

（按同一生成物划分，图中反应对应表 4.23）

(a) S^{2-}；(b) S_2^{2-}；(c) S；(d) $S_2O_3^{2-}$；(e) SO_3^{2-}

从图 4.34 可以看出，所有的还原反应的 $\Delta G^{\ominus}$ 均为负。当同种高价态被还原时，生成物价态越低，$\Delta G^{\ominus}$ 值越负，越容易生成，其顺序为：$S^{2-} > S_2^{2-} > S > S_2O_3^{2-} > SO_3^{2-}$，结果也可以从图 4.35 得到。如图 4.34 (f) 所示，铝还原硫代硫酸盐最容易，$\Delta G^{\ominus}$（表 4.23 反应 (4)，523K）$= -1470.12$kJ/mol，其次还原硫酸盐，$\Delta G^{\ominus}$（表 4.23 反应 (11)，523K）$= -1372.34$kJ/mol，且均是生成 S^{2-} 的 $\Delta G^{\ominus}$ 最负。可根据表 4.23 中反应 (1) (4) (7) 和(11) 来判断不同价态硫被还原的容易顺序，其 $\Delta G^{\ominus}$ 值见表 4.24，可得到不同高价硫容易还原的

顺序为：$S_2O_3^{2-} > SO_4^{2-} > SO_3^{2-} > S$、$S_2^{2-}$，S 和 S_2^{2-} 被铝还原的能力相差不大，523K 下，$S > S_2^{2-}$。可以推断如果存在足够的铝，反应时间足够长，铝酸钠溶液最终将以 S^{2-} 稳定存在，其稳定性最大，$S_2O_3^{2-}$ 稳定存在性最差，其余价态硫的稳定性顺序是：$S_2^{2-} > S > SO_3^{2-}$。

表 4.24　不同高价硫被铝还原生成 S^{2-} 时的 $\Delta G^{\ominus}$ 值（$T=523K$）

表 4.23 中的反应	（4）	（11）	（7）	（1）	（2）
反应物	$S_2O_3^{2-}$	SO_4^{2-}	SO_3^{2-}	S^{2-}	S
$\Delta G^{\ominus}/kJ \cdot mol^{-1}$	−1470.12	−1372.34	−1088.53	−409.75	−415.84

4.6.1.5　锌还原高价硫生成 Na_2ZnO_2 的热力学计算

锌还原高价硫生成低价硫的反应见表 4.25。根据不同的化学反应，采用 FactSage 7.0 软件对反应标准吉布斯自由能进行计算，并绘制得到 $\Delta G^{\ominus}$-T 图，对当同一高价硫被还原时，可以得到图 4.36（a）~（e），所有图放在一起比较，结果如图 4.36（f）所示。当生成同一价态硫时，结果如图 4.37（a）~（e）所示。

表 4.25　锌还原高价硫生成 Na_2ZnO_2 的相关化学反应

离子	化学反应方程式	序号
S_2^{2-}	$S_2^{2-}(aq) + Zn(s) + 4OH^-(aq) = 2S^{2-}(aq) + ZnO_2^{2-}(aq) + 2H_2O(l)$	（1）
S	$S(s,l) + Zn(s) + 4OH^-(aq) = S^{2-}(aq) + ZnO_2^{2-}(aq) + 2H_2O(l)$	（2）
	$S(s,l) + 1/2Zn(s) + 2OH^-(aq) = 1/2S_2^{2-}(aq) + 1/2ZnO_2^{2-}(aq) + H_2O(l)$	（3）
$S_2O_3^{2-}$	$S_2O_3^{2-}(aq) + 4Zn(s) + 10OH^-(aq) = 2S^{2-}(aq) + 4ZnO_2^{2-}(aq) + 5H_2O(l)$	（4）
	$S_2O_3^{2-}(aq) + 3Zn(s) + 6OH^-(aq) = S_2^{2-}(aq) + 3ZnO_2^{2-}(aq) + 3H_2O(l)$	（5）
	$S_2O_3^{2-}(aq) + 2Zn(s) + 2OH^-(aq) = 2S(s,l) + 2ZnO_2^{2-}(aq) + H_2O(l)$	（6）
SO_3^{2-}	$SO_3^{2-} + 3Zn(s) + 6OH^-(aq) = S^{2-}(aq) + 3ZnO_2^{2-}(aq) + 3H_2O(l)$	（7）
	$SO_3^{2-}(aq) + 5/2Zn(s) + 4OH^-(aq) = 1/2S_2^{2-}(aq) + 5/2ZnO_2^{2-}(aq) + 2H_2O(l)$	（8）
	$SO_3^{2-}(aq) + 2Zn(s) + 2OH^-(aq) = S(s,l) + 2ZnO_2^{2-}(aq) + H_2O(l)$	（9）
	$SO_3^{2-}(aq) + Zn(s) + OH^-(aq) = 1/2S_2O_3^{2-}(aq) + ZnO_2^{2-}(aq) + 1/2H_2O(l)$	（10）
SO_4^{2-}	$SO_4^{2-}(aq) + 4Zn(s) + 8OH^-(aq) = S^{2-}(aq) + 4ZnO_2^{2-}(aq) + 4H_2O(l)$	（11）
	$SO_4^{2-}(aq) + 7/2Zn(s) + 6OH^-(aq) = 1/2S_2^{2-}(aq) + 7/2ZnO_2^{2-}(aq) + 3H_2O(l)$	（12）
	$SO_4^{2-}(aq) + 3Zn(s) + 4OH^-(aq) = S(s,l) + 3ZnO_2^{2-}(aq) + 2H_2O(l)$	（13）
	$SO_4^{2-}(aq) + 2Zn(s) + 3OH^-(aq) = 1/2S_2O_3^{2-}(aq) + 2ZnO_2^{2-}(aq) + 3/2H_2O(l)$	（14）
	$SO_4^{2-}(aq) + Zn(s) + 2OH^-(aq) = SO_3^{2-}(aq) + ZnO_2^{2-}(aq) + H_2O(l)$	（15）

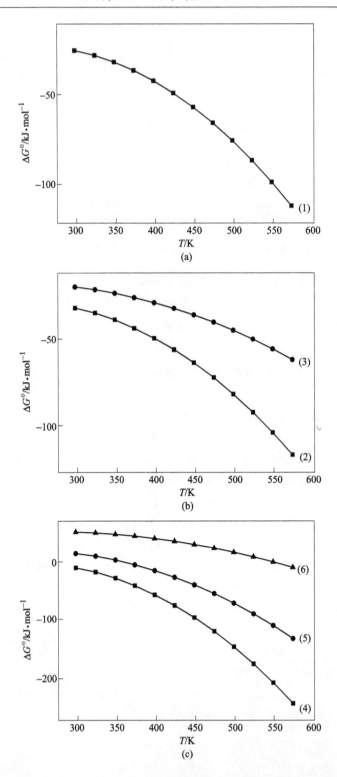

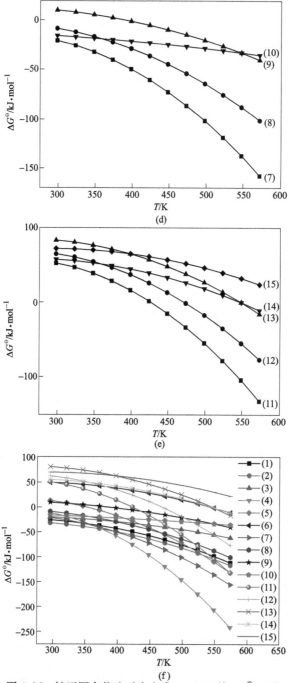

图 4.36 锌还原高价硫反应生成 Na_2ZnO_2 的 $\Delta G^{\ominus}$-T 图

（按同一反应物划分，图中反应对应表 4.25）

（a）S_2^{2-}；（b）S；（c）$S_2O_3^{2-}$；（d）SO_3^{2-}；（e）SO_4^{2-}；（f）总图

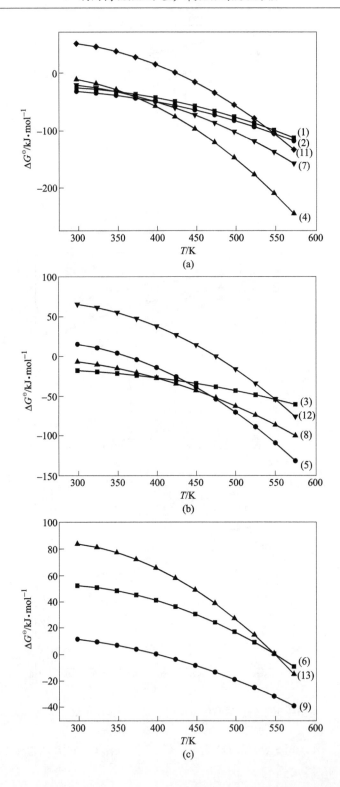

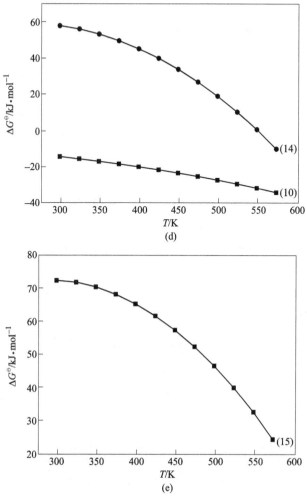

图 4.37 锌还原高价硫的 $\Delta G^{\ominus}$-T 图

（按同一生成物划分，图中反应对应表 4.25）

(a) S^{2-}；(b) S_2^{2-}；(c) S；(d) $S_2O_3^{2-}$；(e) SO_3^{2-}

从图 4.36 可以看出，当同种高价态被还原时，生成物价态越低，$\Delta G^{\ominus}$ 值越负，即容易得到生成物的顺序为：S^{2-}>S_2^{2-}>S>$S_2O_3^{2-}$>SO_3^{2-}，结果也可以从图 4.37 看出。如图 4.36 (f) 所示，锌还原硫代硫酸盐最容易，$\Delta G^{\ominus}$（表 4.25 反应 (4)，523K）= -175.76kJ/mol，其次还原亚硫酸盐，$\Delta G^{\ominus}$（表 4.25 反应 (7)，523K）= -117.76kJ/mol，且均是生成 S^{2-} 的 $\Delta G^{\ominus}$ 值最负。可以得到容易还原的顺序为：$S_2O_3^{2-}$>SO_3^{2-}>S、S_2^{2-}、SO_4^{2-}，SO_4^{2-}、S 和 S_2^{2-} 被锌还原的能力相差不大。可根据表 4.25 中反应 (1) (4) (7) 和 (11) 来判断不同价态硫被还原的容易顺序，其 $\Delta G^{\ominus}$(T=523K) 值见表 4.26，在 523K 下，可以推断如果存在足够

的锌，反应时间足够长，铝酸钠溶液中的硫最终将以 S^{2-} 稳定存在，且稳定性最大，$S_2O_3^{2-}$ 稳定存在性最差，其余价态硫稳定性顺序是：$SO_4^{2-} > S_2^{2-} > S$。

表 4.26　不同高价硫被锌还原生成 S^{2-} 时的 $\Delta G^{\ominus}$ 值（$T = 523K$）

表 4.25 中的反应	(4)	(7)	(2)	(1)	(11)
反应物	$S_2O_3^{2-}$	SO_3^{2-}	S	S_2^{2-}	SO_4^{2-}
$\Delta G^{\ominus}/kJ \cdot mol^{-1}$	-175.76	-117.76	-92.25	-86.16	-77.99

4.6.1.6　碳、铁、铝、锌还原高价硫能力比较

为进行比较碳、铁、铝、锌还原高价硫的能力，对不同高价硫被不同还原剂还原生成 S^{2-} 的反应（见表 4.27）绘制 $\Delta G^{\ominus}$-T 图，如图 4.38 所示。从图 4.38 中可得到，不同还原剂还原高价硫的能力大小顺序为：$Al > Fe > C > Zn$，还原同种价态硫生成 S^{2-} 时，铝还原高价硫的 $\Delta G^{\ominus}$ 值为碳、铁、锌还原的 4~8 倍，铁还原能力与碳相差较小。

表 4.27　不同高价硫被不同还原剂还原生成 S^{2-} 的相关反应

离子	化学反应方程式	序号
S_2^{2-}	$S_2^{2-}(aq) + 1/2C(s) + 3OH^-(aq) = 2S^{2-}(aq) + 1/2CO_3^{2-}(aq) + 3/2H_2O(l)$	(1)
	$S_2^{2-}(aq) + Fe(s) + 2OH^-(aq) = 2S^{2-}(aq) + Fe(OH)_2(s)$	(2)
	$S_2^{2-}(aq) + 2/3Fe(s) + 2OH^-(aq) = 2S^{2-}(aq) + 2/3Fe(OH)_3(s)$	(3)
	$S_2^{2-}(aq) + 2/3Al(s) + 8/3OH^-(aq) = 2S^{2-}(aq) + 2/3AlO_2^-(aq) + 4/3H_2O(l)$	(4)
	$S_2^{2-}(aq) + Zn(s) + 4OH^-(aq) = 2S^{2-}(aq) + ZnO_2^{2-}(aq) + 2H_2O(l)$	(5)
S	$S(s,l) + 1/2C(s) + 3OH^-(aq) = S^{2-}(aq) + 1/2CO_3^{2-}(aq) + 3/2H_2O(l)$	(6)
	$S(s,l) + Fe(s) + 2OH^-(aq) = S^{2-}(aq) + Fe(OH)_2(s)$	(7)
	$S(s,l) + 2/3Fe(s) + 2OH^-(aq) = S^{2-}(aq) + 2/3Fe(OH)_3(s)$	(8)
	$S(s,l) + 2/3Al(s) + 8/3OH^-(aq) = S^{2-}(aq) + 2/3AlO_2^-(aq) + 4/3H_2O(l)$	(9)
	$S(s,l) + Zn(s) + 4OH^-(aq) = S^{2-}(aq) + ZnO_2^{2-}(aq) + 2H_2O(l)$	(10)
$S_2O_3^{2-}$	$S_2O_3^{2-}(aq) + 2C(s) + 6OH^-(aq) = 2S^{2-}(aq) + 2CO_3^{2-}(aq) + 3H_2O(l)$	(11)
	$S_2O_3^{2-}(aq) + 4Fe(s) + 2OH^-(aq) + 3H_2O(l) = 2S^{2-}(aq) + 4Fe(OH)_2$	(12)
	$S_2O_3^{2-}(aq) + 8/3Fe(s) + 2OH^-(aq) + 3H_2O(l) = 2S^{2-}(aq) + 8/3Fe(OH)_3(s)$	(13)
	$S_2O_3^{2-}(aq) + 8/3Al(s) + 14/3OH^-(aq) = 2S^{2-}(aq) + 8/3AlO_2^-(aq) + 7/3H_2O(l)$	(14)
	$S_2O_3^{2-}(aq) + 4Zn(s) + 10OH^-(aq) = 2S^{2-}(aq) + 4ZnO_2^{2-}(aq) + 5H_2O(l)$	(15)

离子	化学反应方程式	序号
SO_3^{2-}	$SO_3^{2-}(aq)+3/2C(s)+3OH^-(aq)\rule[0.5ex]{1.5em}{0.4pt}S^{2-}(aq)+3/2CO_3^{2-}(aq)+3/2H_2O(l)$	(16)
	$SO_3^{2-}(aq)+3Fe(s)+3H_2O(l)\rule[0.5ex]{1.5em}{0.4pt}S^{2-}(aq)+3Fe(OH)_2(s)$	(17)
	$SO_3^{2-}(aq)+2Fe(s)+3H_2O(l)\rule[0.5ex]{1.5em}{0.4pt}S^{2-}(aq)+2Fe(OH)_3(s)$	(18)
	$SO_3^{2-}(aq)+2Al(s)+2OH^-(aq)\rule[0.5ex]{1.5em}{0.4pt}S^{2-}(aq)+2AlO_2^-(aq)+H_2O(l)$	(19)
	$SO_3^{2-}+3Zn(s)+6OH^-(aq)\rule[0.5ex]{1.5em}{0.4pt}S^{2-}(aq)+3ZnO_2^{2-}(aq)+3H_2O(l)$	(20)
SO_4^{2-}	$SO_4^{2-}(aq)+2C(s)+4OH^-(aq)\rule[0.5ex]{1.5em}{0.4pt}S^{2-}(aq)+2CO_3^{2-}(aq)+2H_2O(l)$	(21)
	$SO_4^{2-}(aq)+4Fe(s)+4H_2O(l)\rule[0.5ex]{1.5em}{0.4pt}S^{2-}(aq)+4Fe(OH)_2(s)$	(22)
	$SO_4^{2-}(aq)+8/3Fe(s)+4H_2O(l)\rule[0.5ex]{1.5em}{0.4pt}S^{2-}(aq)+8/3Fe(OH)_3(s)$	(23)
	$SO_4^{2-}(aq)+8/3Al(s)+8/3OH^-(aq)\rule[0.5ex]{1.5em}{0.4pt}S^{2-}(aq)+8/3AlO_2^-(aq)+4/3H_2O(l)$	(24)
	$SO_4^{2-}(aq)+4Zn(s)+8OH^-(aq)\rule[0.5ex]{1.5em}{0.4pt}S^{2-}(aq)+4ZnO_2^{2-}(aq)+4H_2O(l)$	(25)

碳还原高价硫与铁还原高价硫生成 $Fe(OH)_3$ 的 $\Delta G^{\ominus}$ 值几乎一致，铁还原高价硫生成 $Fe(OH)_2$ 的 $\Delta G^{\ominus}$ 值较生成 $Fe(OH)_3$ 更负，锌还原高价硫生成 Na_2ZnO_2 最不易。锌还原高价硫生成 S^{2-} 的反应均在 523~548K 下与碳还原反应、铁还原生成 $Fe(OH)_3$ 的反应相交，在此温度以前，铁还原高价硫生成 $Fe(OH)_2$ 的 $\Delta G^{\ominus}$ 值最大，此温度之后，$\Delta G^{\ominus}$ 值小于碳、铁还原反应 $\Delta G^{\ominus}$ 值。

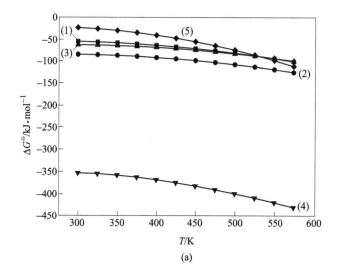

(a)

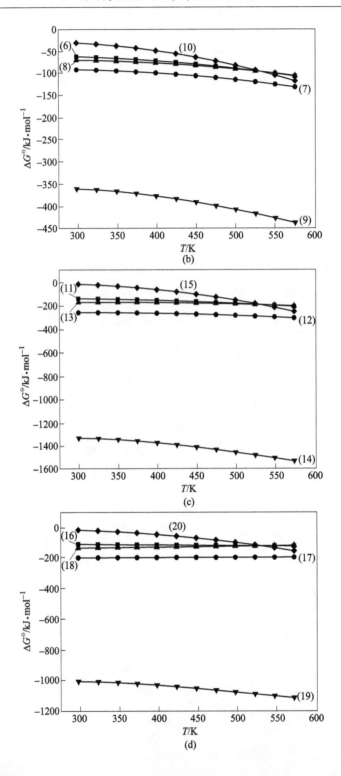

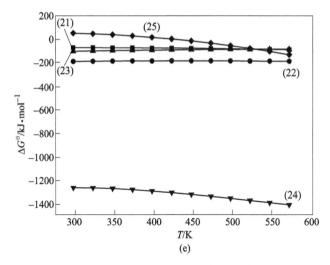

图 4.38 不同高价硫被不同还原剂还原生成 S^{2-} 的 $\Delta G^{\ominus}$-T 图

（图中反应对应表 4.27）

(a) S_2^{2-} ; (b) S ; (c) $S_2O_3^{2-}$; (d) SO_3^{2-} ; (e) SO_4^{2-} ; (f) 总图

不同还原剂还原高价硫容易生成的顺序均为：$S^{2-}>S_2^{2-}>S>S_2O_3^{2-}>SO_3^{2-}$，反应物被还原的容易顺序由于还原 SO_4^{2-} 的能力不一致而有所区别。碳、锌还原高价硫的能力、铁还原高价硫生成 $Fe(OH)_3$ 的顺序为：$S_2O_3^{2-}>SO_3^{2-}>S$、S_2^{2-}、SO_4^{2-}，523K 时，$S>S_2^{2-}>SO_4^{2-}$；铁还原高价硫生成 $Fe(OH)_2$ 的顺序为：$S_2O_3^{2-}>SO_3^{2-}>SO_4^{2-}>S>S_2^{2-}$；铝还原高价硫的顺序为：$S_2O_3^{2-}>SO_4^{2-}>SO_3^{2-}>S$、$S_2^{2-}$，523K 时，$S>S_2^{2-}$。因此碳、锌存在时，铝酸钠溶液中的稳定性顺序为：$S^{2-}>SO_4^{2-}$、$S_2^{2-}$、$S>SO_3^{2-}>S_2O_3^{2-}$，523K 时，$SO_4^{2-}>S_2^{2-}>S$；铁存在时，铝酸钠溶液中的稳定性顺序为：$S^{2-}>S_2^{2-}>S>SO_4^{2-}>SO_3^{2-}>S_2O_3^{2-}$；铝存在时，铝酸钠溶液中不同价态硫的稳定性顺序为：$S^{2-}>S_2^{2-}$、$S>SO_3^{2-}>SO_4^{2-}>S_2O_3^{2-}$，523K 时，$S_2^{2-}>S$。可以推断如果存在足够的碳、铁或铝，反应时间足够长，铝酸钠溶液最终将以 S^{2-} 稳定存在。

4.6.2 高硫铝土矿溶出过程还原除硫反应的动力学分析

在溶出反应温度为 473～533K 的范围内，分别测定了不同溶出反应时间的硫去除率，结果如图 4.39 所示。

用固膜内扩散控制模型 $1-2/3x-(1-x)^{2/3}=kt$ 对硫溶出率的反应时间数据进行线性拟合时，具有良好的线性相关性：在溶出温度为 473～533K 的范围内，直线的相关系数 R 为 0.975～0.984，氧化铝溶出率与反应时间数据进行线性拟合如图 4.40 所示。

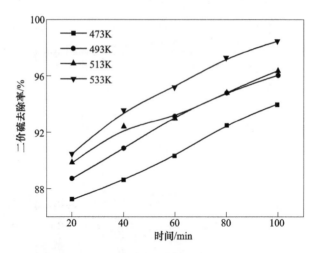

图 4.39　不同溶出温度下 S^{2-} 去除率与时间的关系

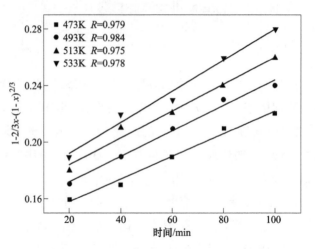

图 4.40　$1-2/3x-(1-x)^{2/3}$ 与反应时间的关系

图 4.40 中的直线方程为 $1-2/3x-(1-x)^{2/3}=kt$，因此，可以通过图 4.40 中的直线斜率求出溶出过程的反应速率常数 k，结果见表 4.28。

表 4.28　不同溶出温度下 S^{2-} 去除率的反应速率常数 k

溶出温度/K	反应速率常数/min^{-1}
473	0.0008
493	0.0009
513	0.00095
533	0.0011

依据阿累尼乌斯方程式（3.34）和式（3.35），分别以 $\ln k$ 对 $1/T$ 作图，如图 4.41 所示，呈现出较好的线性关系，相关系数 R 为 0.951，所得直线斜率为 -1268.52。

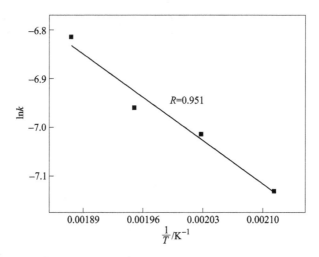

图 4.41 S^{2-} 去除反应速率常数与反应温度 T 的关系（阿累尼乌斯）

由图 4.41 中直线的斜率数据和阿累尼乌斯方程可求得 S^{2-} 去除反应的表观活化能，即反应表观活化能为 10.546kJ/mol。计算所得的表观活化能在 8 ~ 20kJ/mol 范围之内，所以，高硫铝土矿溶出过程中还原除硫的反应是受到固膜内扩散控制。

4.6.3 添加不同还原剂湿法还原除硫

4.6.3.1 矿样及原料分析

刘战伟等人[91]实验所用高硫铝土矿取自遵义某矿区。用 Panalytical 公司 Xpert Pro 型荧光分析仪分析矿样的化学成分组成，结果见表 4.29。用 Panalytical 公司 PW2403 型 X 射线衍射仪分析矿样的矿物组成，结果见表 4.30。高硫铝土矿的 X 射线衍射分析结果如图 4.42 所示。使用 QEMSCAN 矿物定量分析仪对遵义高硫铝土矿粉末样品进行了工艺矿物学研究，QEMSCAN 扫描结果如图 4.43 所示。

表 4.29 遵义高硫铝土矿化学组成

组成	Al_2O_3	SiO_2	Fe_2O_3	TiO_2	K_2O	Na_2O	CaO	MgO	$S_{总}$	$C_{总}$	$C_{有机}$	A/S
含量/%	63.99	8.12	6.66	2.86	1.23	0.006	0.22	2.95	2.05	0.42	0.31	7.88

表 4.30　遵义高硫铝土矿物相组成

组成	一水硬铝石	黄铁矿	伊利石	锐钛矿	金红石	绿泥石	高岭石
含量/%	67	4.4	11.5	1.8	1	5	4

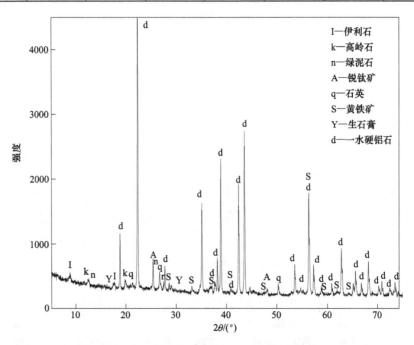

图 4.42　遵义高硫铝土矿 X 射线衍射图

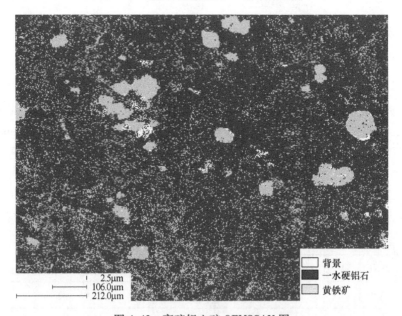

图 4.43　高硫铝土矿 QEMSCAN 图

结合表 4.30、图 4.42 及图 4.43 可知，高硫铝土矿属一水硬铝石型，其主要含硫矿物为黄铁矿，含量为 4.4%。由图 4.43 还可以看出，硫矿物呈粒状集合体分布，颗粒大小一般在 10~100μm，针铁矿呈浸染状分布在黄铁矿四周。

实验用碱液为取自某氧化铝厂的蒸发母液，其化学成分组成见表 4.31。

表 4.31 蒸发母液化学成分 (g/L)

溶液样	N_T	Al_2O_3	N_k	苛性比值 (α_k)	Na_2S	$Na_2S_2O_3$	Na_2SO_3	Na_2SO_4	Na_2O_S
蒸发母液	248.11	120.2	216	2.96	0.24	4.67	2.84	6.58	7.21

实验用石灰是取自氧化铝厂的石灰，粉化后在马弗炉中 1050℃条件下焙烧 30min 所得。石灰中有效氧化钙质量分数为 91.05%。

4.6.3.2 添加活性炭湿法还原除硫[92]

A 活性炭添加量对铝酸钠溶液中不同价态硫浓度的影响

在溶出温度为 533K、石灰添加量为 13% 及溶出时间为 60min 的条件下，考察不同活性炭添加量对溶液中不同价态硫浓度的影响，结果如图 4.44 所示。

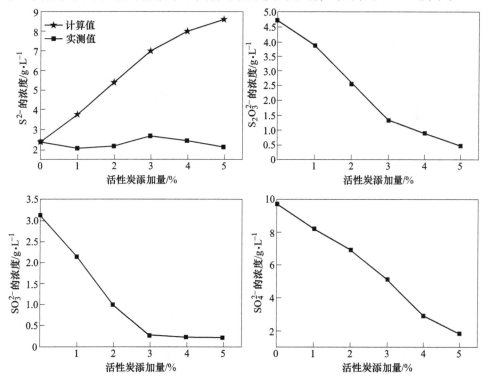

图 4.44 活性炭添加量对溶液中不同价态硫浓度的影响

从图 4.44 中可以看出，溶液中 $S_2O_3^{2-}$、SO_3^{2-}、SO_4^{2-} 的浓度随活性炭添加量的增加而降低，溶液中 S^{2-} 浓度的计算值却大幅度增加，表明活性炭能与高价硫反应生成 S^{2-}，与热力学计算结果相符（见图 4.29）。从图 4.44 中还可以看出，实际测出的 S^{2-} 浓度远远低于 S^{2-} 浓度的计算值，这是因为溶液中 S^{2-} 生成了 Na_3FeS_3 和 FeS 进入了赤泥。

B　活性炭添加量对赤泥中硫含量的影响

对上述实验所得赤泥进行硫含量的分析，结果如图 4.45 所示。还原剂活性炭添加量为 5% 的条件下所得赤泥的 X 射线衍射图如图 4.46 所示。

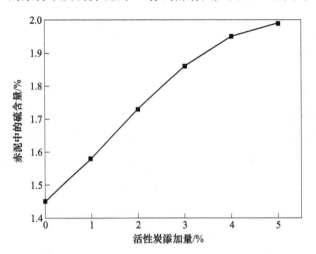

图 4.45　活性炭添加量对赤泥中硫含量的影响

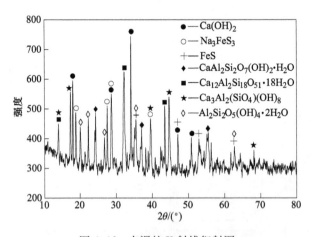

图 4.46　赤泥的 X 射线衍射图

从图 4.45 中可以看出，赤泥的硫含量随着活性炭添加量的增加大幅度增加。

C 活性炭添加量对铝酸钠溶液铁浓度及吸光度的影响

在其他条件相同的情况下，考察不同活性炭添加量对铝酸钠溶液铁浓度及吸光度的影响，结果如图 4.47 和图 4.48 所示。

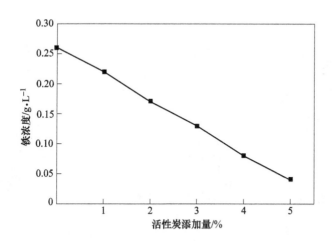

图 4.47 活性炭添加量对铝酸钠溶液中铁浓度的影响

由图 4.47 可知，溶液中的 Fe_2O_3 浓度随着活性炭添加量的增加急剧下降，表明在溶出过程中添加活性炭可以将溶液中的硫和铁同时除去。

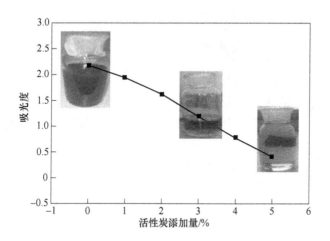

图 4.48 活性炭添加量对溶液吸光度的影响

从图 4.48 中可以看出，溶液的吸光度随着活性炭添加量的增加而降低。从图 4.48 中还可以明显地看出，随着活性炭添加量的增加，溶液的颜色变浅变透明。

D　添加活性炭除硫的机理

根据以上的结果和讨论,作者及团队提出了添加活性炭除硫的机理,如图 4.49 所示。

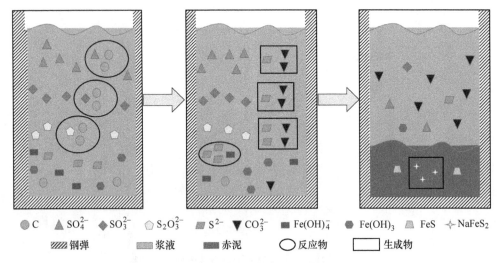

图例：
●C　▲SO_4^{2-}　◆SO_3^{2-}　⬟$S_2O_3^{2-}$　▰S^{2-}　▼CO_3^{2-}　■$Fe(OH)_4^-$　⬢$Fe(OH)_3$　▨FeS　✦$NaFeS_2$

▨钢弹　▨浆液　▨赤泥　◯反应物　▢生成物

图 4.49　添加活性炭除硫机理示意图

作为还原剂,活性炭与高价硫($S_2O_3^{2-}$、SO_3^{2-}、SO_4^{2-})发生反应生成 S^{2-},S^{2-} 与溶液中的铁反应生成 $NaFeS_2$ 进入赤泥。作为过滤助剂,活性炭将溶液浮游物如 FeS 和 $Fe(OH)_3$ 过滤,从而达到除硫、除铁的目的。

4.6.3.3　添加铁湿法还原除硫[93]

A　铁添加量对铝酸钠溶液中不同价态硫浓度的影响

在溶出温度为 533K、石灰添加量为 13%、溶出时间为 60min 的条件下,考察不同铁添加量对溶液中不同价态硫浓度的影响,结果如图 4.50 所示。

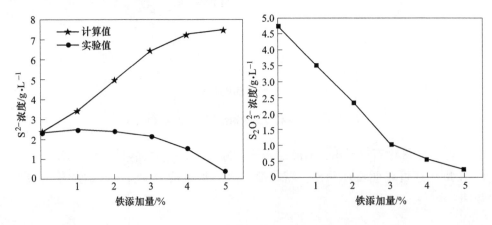

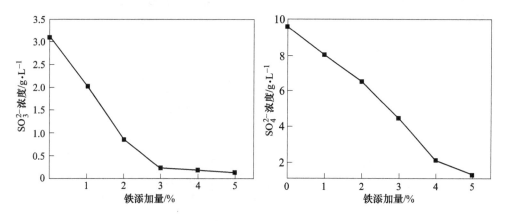

图 4.50　铁添加量对溶液中不同价态硫浓度的影响

从图 4.50 中可以看出，溶液中 $S_2O_3^{2-}$、SO_3^{2-}、SO_4^{2-} 的浓度随着铁添加量的增加而降低，溶液中 S^{2-} 浓度的计算值却大幅度增加。这就表明在溶出温度下铁能与高价硫反应生成 S^{2-}，与热力学计算结果相符（见图 4.30）。从图 4.50 中还可以看出，溶液中实际测出的 S^{2-} 浓度远远低于其计算值，这是因为溶液中的 S^{2-} 生成了 Na_3FeS_3 进入了赤泥。

B　铁添加量对赤泥中硫含量的影响

对上述实验所得赤泥进行硫含量的分析，结果如图 4.51 所示。还原剂铁添加量为 5% 的条件下所得赤泥的 X 射线衍射图如图 4.52 所示。

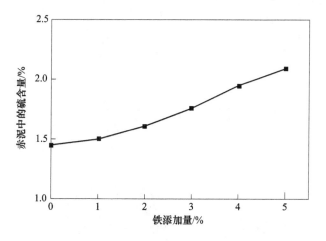

图 4.51　铁添加量对赤泥中硫含量的影响

从图 4.51 中可以看出，随着铁添加量的增加，赤泥中的硫含量大幅度地增加。

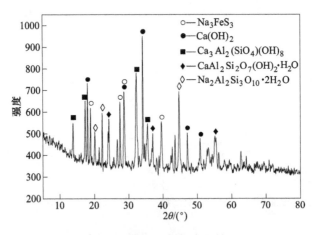

图 4.52　赤泥的 X 射线衍射图

C　添加铁除硫的机理

根据以上的结果和讨论，作者及团队提出了添加铁除硫的机理，如图 4.53 所示。

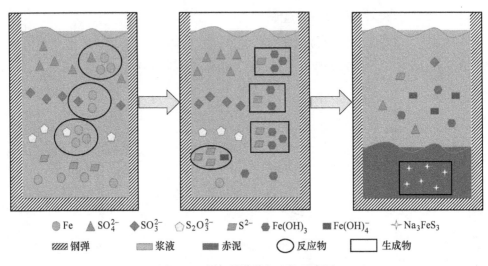

图 4.53　添加铁除硫机理的示意图

作为还原剂，铁与高价硫（$S_2O_3^{2-}$，SO_3^{2-}，SO_4^{2-}）发生反应生成 S^{2-}，S^{2-} 与溶液中的铁反应生成 Na_3FeS_3 进入赤泥。作为还原剂和沉淀剂，在溶出过程中添加铁可以将溶液中的硫彻底去除。

4.6.3.4　添加铝湿法还原除硫[94]

A　铝添加量对铝酸钠溶液中不同价态硫浓度的影响

在溶出温度为 533K、石灰添加量为 13%、溶出时间为 60min 的条件下，考察不同铝添加量对溶液中不同价态硫浓度的影响，结果如图 4.54 所示。

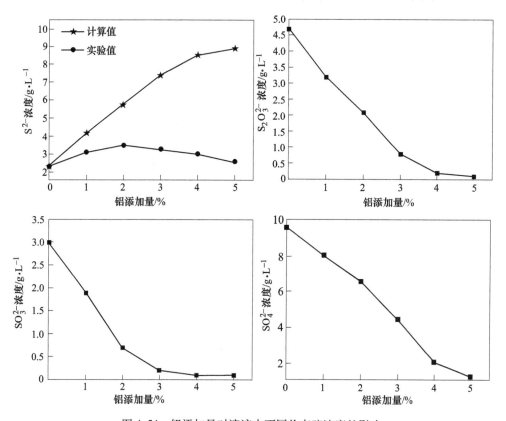

图 4.54　铝添加量对溶液中不同价态硫浓度的影响

从图 4.54 中可以看出，溶液中 $S_2O_3^{2-}$、SO_3^{2-}、SO_4^{2-} 的浓度随着铝添加量的增加而降低，而溶液中 S^{2-} 浓度的计算值大幅度增加，表明在溶出温度下铝能与高价硫反应生成低价硫 S^{2-}。从图 4.54 中还可以看出，溶液中实际测出的 S^{2-} 浓度远低于其计算值，这是因为溶液中的 S^{2-} 生成了 $NaFeS_2$ 进入了赤泥。

B　铝添加量对赤泥中硫含量的影响

对上述实验所得赤泥进行硫含量的分析，结果如图 4.55 所示。

从图 4.55 中可以看出，赤泥中硫含量随着铝添加量的增加而大幅度地增加。

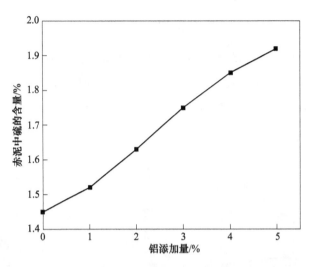

图 4.55　铝添加量对赤泥中硫含量的影响

C　铝添加量对铝酸钠溶液中铁浓度的影响

在其他条件相同的情况下，考察不同铝添加量对铝酸钠溶液中铁浓度的影响，结果如图 4.56 所示。

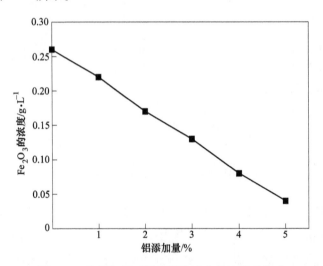

图 4.56　铝添加量对铝酸钠溶液中铁浓度的影响

由图 4.56 可知，溶液中的 Fe_2O_3 浓度随着铝添加量的增加急剧下降，表明在溶出过程中添加铝可以将溶液中的硫和铁同时除去。

D　添加铝除硫的机理

根据以上的结果和讨论，作者及团队提出了添加铝除硫的机理，如图 4.57 所示。

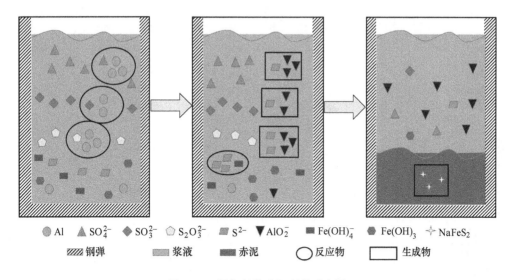

图 4.57 添加铝除硫机理的示意图

作为还原剂，铝与高价硫（$S_2O_3^{2-}$、SO_3^{2-}、SO_4^{2-}）发生反应生成 S^{2-}。铝酸钠溶液中铁的存在形式主要是 $Fe(OH)_3$ 和 $Fe(OH)_4^-$，与溶液中的 $S_2O_3^{2-}$、SO_3^{2-}、SO_4^{2-} 不发生反应，所以溶液中的高价硫不能与溶液中的铁直接反应而去除，但是 $Fe(OH)_3$ 和 $Fe(OH)_4^-$ 会与溶液中的 S^{2-} 反应生成 $NaFeS_2$ 进入赤泥[95,96]。所以，在溶出过程中添加铝可以将溶液中的硫去除。铝土矿中的铁含量越高，除硫效果越好。

4.6.3.5 添加锌湿法还原除硫[97]

A 锌添加量对铝酸钠溶液中不同价态硫浓度的影响

在溶出温度为 533K、石灰添加量为 13%、溶出时间为 60min 的条件下，考察不同锌添加量对溶液中不同价态硫浓度的影响，结果如图 4.58 所示。

从图 4.58 中可以看出，随着锌添加量的增加，溶液中 $S_2O_3^{2-}$、SO_3^{2-}、SO_4^{2-} 的浓度降低，而溶液中 S^{2-} 浓度的计算值大幅度增加。这就表明在溶出温度下锌能与高价硫反应生成 S^{2-}，与热力学计算结果相符（见图 4.37）。从图 4.58 中还可以看出，溶液中实际测出的 S^{2-} 浓度远低于其计算值，这是因为溶液中的 S^{2-} 生成了 ZnS 进入了赤泥。

B 锌添加量对赤泥中硫含量的影响

对上述实验所得赤泥进行硫含量的分析，结果如图 4.59 所示。还原剂锌添加量为 5% 的条件下所得赤泥的 X 射线衍射图如图 4.60 所示。

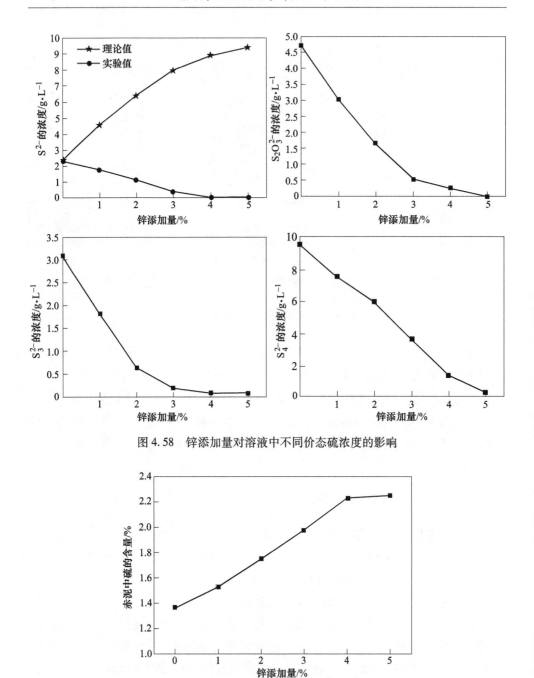

图 4.58　锌添加量对溶液中不同价态硫浓度的影响

图 4.59　锌添加量对赤泥中硫含量的影响

从图 4.59 中可以看出，当锌添加量低于 4% 时，赤泥的硫含量随着锌添加量的增加而增加；当锌添加量高于 4% 时，赤泥的硫含量随着锌添加量的增加变化很小。

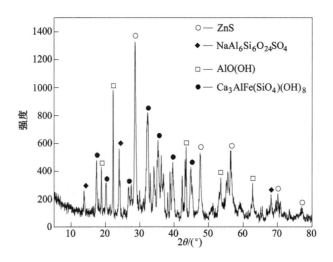

图 4.60 赤泥的 X 射线衍射图

C 锌添加量对铝酸钠溶液铁浓度及吸光度的影响

在其他条件相同的情况下，考察不同锌添加量对铝酸钠溶液铁浓度及吸光度的影响，结果如图 4.61 和图 4.62 所示。

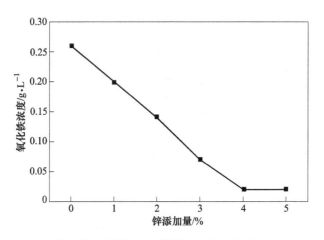

图 4.61 锌添加量对溶液中铁浓度的影响

由图 4.61 可知，当锌添加量低于 4% 时，溶液中的 Fe_2O_3 浓度随着锌添加量的增加而下降；当锌添加量高于 4% 时，溶液中的 Fe_2O_3 浓度随着锌添加量的增加基本保持不变。所以在溶出过程中添加锌可以将溶液中的硫和铁同时去除。

从图 4.62 中可以看出，溶液吸光度随着锌添加量的增加而降低。从图 4.62 中还可以明显地看出，在溶液中添加锌可以使溶液的颜色变浅变透明。

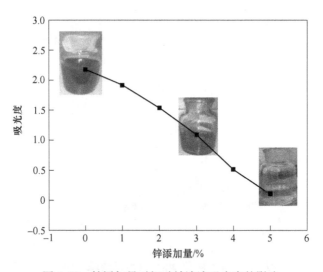

图 4.62　锌添加量对铝酸钠溶液吸光度的影响

D　添加锌除硫的机理

根据以上的结果和讨论,作者及团队提出了添加锌除硫的机理,如图 4.63 所示。

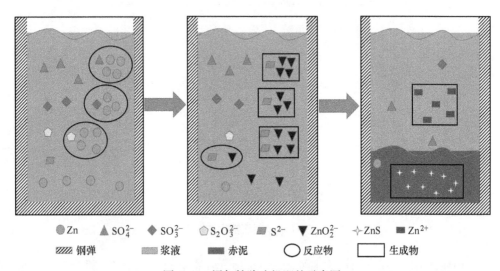

图 4.63　添加锌除硫机理的示意图

作为还原剂,锌与高价硫($S_2O_3^{2-}$、SO_3^{2-}、SO_4^{2-})发生反应生成低价硫 S^{2-},S^{2-} 与溶液中的 Zn^{2+} 反应生成 ZnS 沉淀进入赤泥,从而达到除硫的目的。作为还原剂和沉淀剂,在溶出过程中添加锌可以将溶液中的硫彻底去除。

4.7 石灰拜耳法除硫

在溶出一水硬铝石型铝土矿时，石灰是必不可少的添加剂。当铝酸钠溶液的浓度较低时，含 SiO_2 的铝酸钠溶液在脱硅时形成含硫的固相，SO_4^{2-} 进入骨架硅酸盐的孔穴[98]，其反应如下：

$$Na_2O \cdot Al_2O_3 + 1.8(Na_2O \cdot SiO_2) + xNa_2SO_4 \Longrightarrow Na_2O \cdot Al_2O_3 \cdot$$
$$1.8SiO_2 \cdot xSO_3 \cdot nH_2O + (3.6 + 2x)NaOH \qquad (4.31)$$

$Ca(OH)_2$ 与 $Na_2O \cdot Al_2O_3 \cdot 1.8SiO_2 \cdot xSO_3 \cdot nH_2O$ 相互反应，生成一种新的含硫化合物：一元型含水硫铝酸钙 $3CaO \cdot Al_2O_3 \cdot CaSO_4 \cdot 12H_2O$，其反应如下：

$$(6 + 4x)Ca(OH)_2 + (x + 1)(Na_2O \cdot Al_2O_3) + Na_2O \cdot Al_2O_3 \cdot 1.8SiO_2 \cdot$$
$$xSO_3 \cdot nH_2O \Longrightarrow 2(3CaO \cdot Al_2O_3 \cdot 0.9SiO_2 \cdot 4.3H_2O) +$$
$$(4 + 2x)NaOH + x(3CaO \cdot Al_2O_3 \cdot CaSO_4 \cdot 12H_2O) \qquad (4.32)$$

$Ca(OH)_2$ 与 $Na_2O \cdot Al_2O_3$ 直接反应形成一元型含水硫铝酸钙，其反应如下：

$$4Ca(OH)_2 + Na_2O \cdot Al_2O_3 + Na_2SO_4 \Longrightarrow 3CaO \cdot Al_2O_3 \cdot CaSO_4 \cdot 12H_2O + 4NaOH$$
$$(4.33)$$

这是添加石灰脱硫的主要反应。在一定条件下，在含 Na_2SO_4 的铝酸钠溶液中添加石灰会生成三元型含水硫铝酸钙[99]：

$$6Ca(OH)_2 + Na_2O \cdot Al_2O_3 + 3Na_2SO_4 \Longrightarrow 3CaO \cdot Al_2O_3 \cdot 3CaSO_4 \cdot 31H_2O + 8NaOH$$
$$(4.34)$$

三元型含水硫铝酸钙是不稳定的，容易向一元型含水硫铝酸钙转变，生成的三元型含水硫铝酸钙仅作为过渡的中间相而存在。

综上所述，石灰拜耳法与传统拜耳法的排硫历程不同，最终的排硫产物也不同。铝土矿中 FeS_2 的转变形式分别为传统拜耳法和石灰拜耳法两种。

传统拜耳法：

$$FeS_2 \longrightarrow Na_2SO_4 \longrightarrow Na_2O \cdot Al_2O_3 \cdot 1.8SiO_2 \cdot xSO_3 \cdot nH_2O \qquad (4.35)$$

石灰拜耳法：

$$FeS_2 \longrightarrow Na_2SO_4 \longrightarrow 3CaO \cdot Al_2O_3 \cdot CaSO_4 \cdot 12H_2O \qquad (4.36)$$

石灰拜耳法具有与传统拜耳法相媲美的生产工艺。添加石灰既能促使一水硬铝石溶解，又能通过 $Na_2O \cdot TiO_2 \cdot H_2O$ 和 $Na_2O \cdot Al_2O_3 \cdot 1.8SiO_2 \cdot xSO_3 \cdot nH_2O$ 的苛化及生成 $CaO \cdot TiO_2 \cdot H_2O$、$3CaO \cdot Al_2O_3 \cdot xSiO_2 \cdot (6-2x)H_2O$ 而减少 NaOH 的损失，既有利于硫的化合物排除，又可促进针铁矿的裂解提高 Al_2O_3 的溶出率，并加速针铁矿向磁铁矿转化，改善赤泥的沉降性能，既能减缓结疤，又有利于赤泥综合利用等[100]。但也存在某些缺点，如 Al_2O_3 溶出率较低，附液损失较大等。

通过化学反应方程式（4.32）可知，CaO 添加量的增加，有利于反应平衡向正方向进行，从动力学来看，CaO 添加量的增加，可使单位时间、单位体积内反应的概率增大，有利于生成一元型含水硫铝酸钙，从而也提高了脱硫率，实验过程中随着 CaO 添加量的增加，会使溶液中固相含量太大，增加固液分离的困难。特别是对于加入 CaO 而言，由于 CaO 在铝酸钠溶液中的膨胀，使得整个铝酸钠溶液呈凝胶状，无法进行固液分离，可能造成脱硫效果的下降。拜耳法脱硫工艺研究中，石灰是一种良好的添加剂，而选择最佳的石灰添加量，又是获得较好的脱硫效果的前提条件。温度是水合硫铝酸钙合成的主要影响因素，提高温度有利于提高水合硫铝酸钙合成的反应速度，同时又会降低一元型或三元型含水硫铝酸钙的稳定性，使之快速分解成稳定的水合硫铝酸钙，因此反应温度的控制对于铝酸钠溶液脱硫效果的研究相当重要。反应时间同样也是影响合成水合硫铝酸钙的因素之一，合成时间过短，合成体系中 SO_4^{2-} 与水合铝酸钙中 OH^- 交换不完全，所形成水合硫铝酸钙中 SO_3 的饱和系数低，对形成水合硫铝酸钙不利，而反应时间过长，更不利于水合硫铝酸钙的合成，因此时间的控制是制约硫铝酸钙形成的重要因素。

蒋洪石等人[101]通过正交实验对铝酸钠溶液脱硫效果的影响因素进行研究，当铝酸钠溶液中 SO_4^{2-} 浓度为 24g/L，通过实验的极差分析给出最佳脱硫工艺条件：铝酸钠溶液中碱液浓度为 30.40g/L，石灰添加量为 8.5g、反应温度为 70℃、反应时间为 50min 时，其最佳脱硫率为 87.42%。

兰军[74]在石灰拜耳法生产氧化铝脱硫及其热力学研究一文中，采用迭代最小二乘法计算出一元型水合硫铝酸钙的吉布斯自由能 $G^\ominus = -88945kJ/mol$；三元型水合硫铝酸钙的吉布斯自由能 $G^\ominus = -9994.5kJ/mol$；$Ca(OH)_2$ 与铝酸钠溶液的脱硫反应方程式的吉布斯自由能 $\Delta G_I^\ominus = -104.96kJ/mol$，$\Delta G_{II}^\ominus = -95.54kJ/mol$。从热力学数据可以得出，生成一元型水合硫铝酸钙和三元型水合硫铝酸钙的趋势很大，而且生成一元型水合硫铝酸钙的趋势大于生成三元型水合硫铝酸钙的趋势。这就从理论上证明石灰拜耳法除硫是能够实现的。

蒋洪石[101]同样做过石灰拜耳法生产氧化铝的脱硫研究。他致力于探索在不同变量因素下，铝酸钠溶液脱硫效果最佳的实验条件。他采用四因素三次正交实验研究不同碱液浓度、石灰添加量、反应温度和反应时间下，脱硫的最佳条件。结果表明，各因素的影响能力从高到低依次为：反应温度、反应时间、石灰添加量、碱液浓度。最佳工艺条件为：碱液浓度 30.40g/L、石灰添加量 8.5g、反应温度 70℃、反应时间 50min。

各因素对脱硫率的影响如下：

（1）石灰添加量对脱硫率和氧化铝溶出率的影响。随着 CaO 添加量的增加，促进了一元型水和硫铝酸钙的生成，从而也提高了脱硫率。当石灰添加量大于 10% 时，CaO 含量过高，会使溶液中固相含量太大，增大固液分离的难度，再加上 CaO 在铝酸钠溶液中呈凝胶状，很难进行固液分离，会造成脱硫率的下降。

（2）碱浓度对脱硫率和氧化铝溶出率的影响。以我国一水硬铝石型铝土矿来说，正常情况下，不同成分的铝土矿所适应的最佳碱浓度一般不同，但差别不大。氧化铝的溶出率随碱浓度的升高，先升高后降低；脱硫率随着碱浓度的升高而降低。因为碱浓度越大，越不利于反应朝正方向进行。我国目前生产所用的碱浓度为230g/L，不同生产厂家略有浮动。

（3）溶出时间对脱硫率和氧化铝溶出率的影响。溶出时间越长对氧化铝的溶出越有利，但当时间超过某一节点后，氧化铝溶出率增加并不明显，这个时间节点在60~70min。溶出时间过长，脱硫率下降很明显。这是因为生成的介稳物质水合硫铝酸钙，如果对它的加热时间过长就会容易转变成结构较为紧密的立方晶系的水合铝酸钙，使已经形成的水合硫铝酸钙中的硫又会分解析出到溶液中，使脱硫率下降。

（4）溶出温度对脱硫率和氧化铝溶出率的影响。提高温度有利于提高水合硫铝酸钙合成速率，但同时又会降低水合硫铝酸钙的稳定性，使之快速分解成稳定的水合铝酸钙。使硫又以硫酸根的形式回到溶液中，从而降低了脱硫率。同时温度升高，能耗增加，我国一水硬铝石型铝土矿生产氧化铝工厂的溶出温度大都为240~260℃。

4.8 电解脱硫

公旭中等人[102]提出了高硫铝土矿电解脱硫的方法。主要是利用电化学氧化的过程，通过矿浆电解，将高硫铝土矿中的固态硫氧化成液态硫的形式，经固液分离实现脱硫。该方法的主要工作流程如图4.64所示：（1）将高硫铝土矿与电

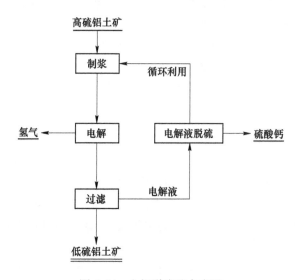

图4.64 电解脱硫基本流程

解液配制成矿浆；（2）向矿浆中通入直流电进行电解；（3）将电解后的矿浆进行沉降分离。在制成矿浆的过程中，电解液中的阳离子主要为 K^+、Na^+，阴离子为卤素离子或氢氧根离子。

4.8.1　电解液循环对铝土矿脱硫的影响

为了节约电解液的使用成本，研究了电解液循环对铝土矿脱硫的影响。高硫铝土矿的电化学脱硫主要依靠电化学氧化，在阳极上电解水产生氧化剂，将黄铁矿氧化成硫酸盐通过固液分离实现脱硫。吕艾静[103]以贵州某高硫铝土矿为研究对象，以 1mol/L 的 NaOH 为电解液电解 4h 反复使用，用 XRD 分析电解前后铝土矿物相，并记录反应前后电解液的 pH 值。实验结果表明：第一次和第八次电解后的电解液电解铝土矿，其主要以 SiO_2 和 TiO_2 的峰存在，$Fe(OH)_3$ 是硫化亚铁电解氧化的产物。因此多次循环使用的电解液仍能有效脱除铝土矿中的硫；电解液在第一次使用后其 pH 值低于 14，说明电解的过程中消耗了氢氧化钠，在随后的每次电解后向其中加入 1mol/L 的氢氧化钠至 400mL，随着电解次数的增加电解液的 pH 值无明显变化，说明电解液的循环使用对 pH 值无明显影响。

4.8.2　氮气搅拌下高硫铝土矿电解脱硫

在矿浆电解的过程中，主要是阳极电解产生的氧化基团将铝土矿中的无机硫氧化成硫酸盐，然后经过固液分离达到脱硫的目的。而影响电解效率的关键在于阳极电解产生的氧化基团与硫的接触效果。公旭中等人[104]提出了采用氮气搅拌的方式增加氧化基团与硫的接触机会，从而提高电解效率。重点研究了电解液中 NaCl 与 NaOH 体积比、电流密度、气速等对脱硫率的影响，研究结果如下。

随着 NaOH 与 NaCl 体积比的减小脱硫率逐渐增大，原因是 NaCl 在电解过程中产生的 Cl_2 在溶液中可以生成氧化性很强的 HClO、ClO^- 等，与含硫矿物结合提高脱硫率。此外，在碱性环境下容易形成 $Fe(OH)_3$ 覆盖在 FeS_2 表面，阻碍反应的进行。

当电流密度为 $0.1A/cm^2$、$0.15A/cm^2$、$0.20A/cm^2$、$0.25A/cm^2$、$0.30A/cm^2$ 时，脱硫率先升高后降低并且在 $0.15A/cm^2$ 左右脱硫率最高。这是因为当 NaOH 浓度一定、电流密度较小时，电极反应产生氧化基团·OH 较少，不易结合生成氧气脱出体系，能够有效氧化含硫矿物，达到脱硫目的；当电流密度较大时，电极表面生成大量·OH，迅速结合生成氧气脱出体系，不能有效地起到氧化作用，脱硫效果差。

在电解的过程中，机械搅拌与气体搅拌均能提高颗粒与基团的接触面积从而提高脱硫率，但气体搅拌的方式明显比机械搅拌效果要好。

4.8.3　超声波强化铝土矿水浆电解脱硫

在铝土矿电解的过程中，矿石颗粒必须到达阳极，在阳极表面 FeS_2 被活性氧氧化成可溶性硫酸盐，在碱性体系中，硫化亚铁表面形成的氢氧化铁膜会逐渐抑制硫的持续脱除。公旭中[105]采用超声波电解的方式来增强铝土矿颗粒的传质和分离氢氧化铁薄膜从而提高脱硫率。主要研究了恒流条件下超声对铝土矿水泥浆在氢氧化钠溶液中电解脱硫率的影响及电极动力学。

研究结果发现，与不存在超声波时相比，有超声波存在时电解后的 FeS_2 峰有所降低，说明超声波提高了脱硫率。此外，公旭中等人[106]通过研究表明，在 NaOH 体系中 90℃ 条件下，超声存在下铝土矿水泥浆（BWS）电解脱硫率为 90%。在高温条件下超声明显提高了脱硫率，但在低温条件下对脱硫率没有促进作用。

4.9　微波脱硫

微波作为一种电磁波，不仅可以传输信号，还可以传输能量。在微波照射物体时，微波会被物体吸收，物体吸收的微波会转化为热能，物质被加热。与常规加热不同，微波加热具有速度快、加热均匀、选择加热等优点[107]。微波加热正逐渐发展成为一种有潜力的焙烧方法。由于高硫铝土矿中硫化矿物吸收微波的特性较好，而一水硬铝石的吸收特性差，陈肖虎等人以重庆某矿区的高硫铝土矿为原料，对原料进行处理后，在微波频率 2.45GHz、功率 3.5kW 的条件下，微波时间 10min，对加热前后的硫含量进行测试。对脱硫前后的物相进行分析。原矿中的硫主要以 FeS_2 存在，微波处理后的铝土矿除了黄铁矿外，其余成分与原矿成分基本一致。可能发生如下反应：

$$2FeS_2 \longrightarrow 2FeS + S_2 \tag{4.37}$$

$$S + O_2 \longrightarrow SO_2 \tag{4.38}$$

$$FeS_2 + O_2 \longrightarrow SO_2 + FeS \tag{4.39}$$

$$4FeS + 7O_2 \longrightarrow 4SO_2 + 2Fe_2O_3 \tag{4.40}$$

$$4FeS_2 + 11O_2 \longrightarrow 8SO_2 + 2Fe_2O_3 \tag{4.41}$$

张念炳等人[108]利用高硫铝土矿这种吸收微波性能的差异，将高硫铝土矿进行微波加热，使黄铁矿快速加热氧化，微波焙烧在微波辐射温度 550℃、辐射时间 10min 时，焙烧矿中硫含量降低至 0.23%，与常规焙烧相比，温度低，焙烧时间更短。

目前，对煤的微波脱硫研究较多，其中也有关于微波脱硫机理的研究。煤中的硫通常分为有机硫和无机硫。有机硫包含硫醇类（R-SH）、硫醚类（R-SR）、含噻吩环的芳香体系、硫醌类和二硫化合物或硫蒽等，无机硫由硫铁矿、硫酸盐及少量元素硫组成。由 Weng[109]、程荣[110]和赵庆玲[111]的研究结果表明，在微波照射期间，微波有选择地介电加热引起局部高温，使煤中黄铁矿硫与周围的活化物如 H_2、O_2 和吸收的水分等发生热脱硫反应，在反应过程中，由于微波电磁场的极化，黄铁矿分子中的 Fe—S 键破裂，在黄铁矿晶体中，由于 Fe—S 键的破裂分离出大量的 S^{2-}，这些离子不断地向表面扩散，硫连续地以稳定的气态产物如 H_2S、羰基硫（COS）或 SO_2 释放出来。

与煤相比，高硫铝土矿中硫元素以无机硫为主，而无机硫又以黄铁矿为主，因此高硫铝土矿中硫的形态相对单一。在煤微波脱硫机理的基础上，高硫铝土矿的微波脱硫机理可能为：在微波照射期间，微波有选择地介电加热引起局部高温，由于微波电磁场的极化，黄铁矿分子中的 Fe-S 键破裂，分离出大量的 S^{2-}，这些离子不断地向表面扩散，使得脱硫反应不断地发生，硫效率较高。

梁佰战等人[112]采用微波焙烧脱硫研究了微波加热温度、微波加热时间和矿物粒度对高硫铝土矿中硫含量的影响及氧化铝溶出率的影响，结果表明：微波加热温度为 650℃、微波加热时间为 5min、矿物粒度为 0.095~0.075mm 时，高硫铝土矿的硫含量可以从 4.15% 降低到 0.37%；在试验条件下，可使氧化铝的溶出率从 80.4% 提高到 98.7%。

4.10　微生物脱硫

微生物浸矿技术是近代湿法冶金工业中的一种新工艺，是生物技术与湿法冶金技术交叉互用的产物。它是利用微生物自身的氧化还原特性及代谢产物使金属矿物的某些组分氧化或还原，进而使目的组分以可溶性或沉淀形式与原物质分离的技术。

2003 年杨显万等人[113]出版了《微生物湿法冶金》一书，书中提出了一些微生物如氧化亚铁硫杆菌（*Thiobacillus ferrooxidans*（T. f））、氧化硫硫杆菌（*Thiobacillus thiooxidans*（T. t））、氧化亚铁钩端螺旋菌（*Leptospirillumn ferrooxidans*（L. f））、硫化裂变菌（*Sulfide fission*（S. f））等（见图 4.65）可以有效氧化黄铁矿、砷黄铁矿等硫化矿物，从而实现生物氧化脱硫的目的。

高硫铝土矿微生物脱硫的研究报道较少，细菌在选矿中应用较多。以氧化亚铁硫杆菌为例，细菌的氧化机理如下。

细菌浸出涉及电化学、生物化学和表面化学过程。研究表明，具有氧化亚铁能力的氧化亚铁硫杆菌、氧化亚铁钩端螺旋菌和嗜酸嗜热的硫化裂变菌等能够促进黄铁矿的溶解[114]。具有硫氧化能力的细菌参与了中间硫化合物的分解反应，将硫的中间产物氧化成硫酸[115]。一般认为硫化矿的生物浸出是直接作用和间接作用两种机制共同作用的结果。对于黄铁矿的生物浸出而言，直接作用是指细菌吸附于黄铁矿表面，将黄铁矿直接氧化分解，其反应方程式为：

$$4FeS_2 + 15O_2 + 2H_2O \longrightarrow 2Fe_2(SO_4)_3 + 2H_2SO_4 \qquad (4.42)$$

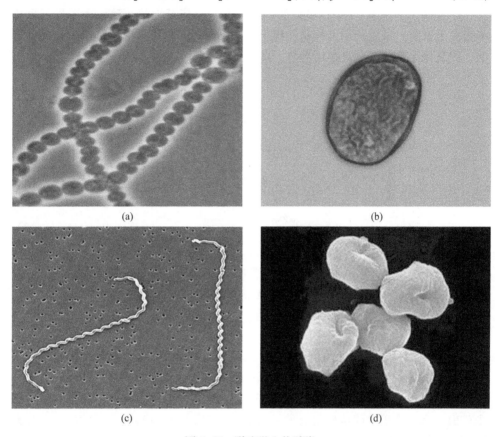

(a)   (b)

(c)   (d)

图4.65　脱硫微生物种类

（a）氧化亚铁硫杆菌；（b）氧化硫硫杆菌；（c）氧化亚铁钩端螺旋菌；（d）某种硫化菌

间接作用是指细菌先将 Fe^{2+} 氧化为 Fe^{3+}，Fe^{3+} 再将黄铁矿氧化分解，其反应方程式为：

$$2Fe^{2+} + 2H^+ + 1/2O_2 \longrightarrow 2Fe^{3+} + H_2O \qquad (4.43)$$

$$FeS_2 + Fe_2(SO_4)_3 =\!\!=\!\!= 3FeSO_4 + 2S \qquad (4.44)$$

反应生成的 $FeSO_4$ 及 S 又可以被细菌分别催化氧化为 $Fe_2(SO_4)_3$ 和 H_2SO_4，使反应循环进行。

浸出体系的 pH 值降低，嗜酸的浸矿细菌能够正常生长。为了保证生物浸出有效进行，首先要在浸出过程中创造有利于细菌生长、繁殖和保持活性的条件。为此需考虑菌种的选择、培养基组成、适合的温度、浸出液的 pH 值、离子的浓度、矿石的粒度及矿浆浓度等因素。微生物脱硫技术可在常温、常压等易于实现的作业条件下高效地完成复杂的反应过程，而且反应效果好、过程稳定、操作简便、污染物转化效率高[116]。

周吉奎、李花霞[117]采用氧化亚铁硫杆菌对重庆某地的高硫铝土矿进行生物氧化浸出试验。试验所用菌种是从铝土矿矿山附近的高硫煤矿矿坑水中分离获得的 3 种氧化亚铁硫杆菌富集培养物，然后进行培养（见图 4.66）。

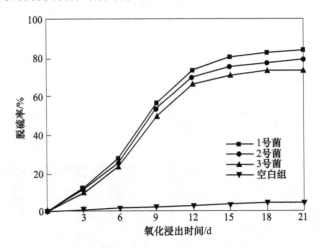

图 4.66　不同菌株及对照组对黄铁矿的氧化效果

由图 4.66 可得，3 株菌株对矿物的脱硫率均在 74% 以上，空白组的脱硫率只有 5.11%，说明氧化亚铁硫杆菌对高硫铝土矿中黄铁矿具有良好的脱硫效果。

郝跃鹏、李花霞[118]也做了类似的实验。他们采用从河南洛阳和山西某地铝土矿山、高硫煤矿及硫黄矿山处采集的水样和矿样筛选具有氧化亚铁离子、元素硫和硫化物能力的氧化亚铁硫杆菌和氧化硫硫杆菌作为微生物菌种来浸出某高硫铝土矿，其中编号为 ZL-S1 的氧化亚铁嗜酸硫杆菌去除杂质硫的能力最强。该菌株对高硫铝土矿摇瓶浸矿脱硫后，脱硫率能够达到 85% 以上，Al_2O_3 回收率达到 97% 以上。脱硫过程在常温常压下进行，脱硫后铝土矿物化性质无任何变化。

李花霞等人[119]利用细菌浸出高硫铝土矿中的硫，在重庆高硫铝土矿实验室摇瓶浸矿脱硫后，矿石中的硫含量从 3.83% 降低到 0.53%~0.69%，脱硫率达到 85% 以上，Al_2O_3 回收率超过 97%。

总的来说，影响细菌法脱硫率的主要因素有：

（1）矿浆浓度。矿物中固体浓度过大会对细菌产生剪切和摩擦损伤，并使溶液中氧的传递受阻而引起细菌的生物氧化活性降低，导致脱硫率降低。

（2）细菌氧化过程中氧化还原电位和 pH 值的变化。氧化亚铁硫杆菌氧化黄铁矿过程中会产生 $Fe_2(SO_4)_3$ 和 H_2SO_4，使体系 pH 值下降，氧化还原电位升高。

高硫铝土矿生物脱硫具有投资少、成本低的优点，但是其脱硫周期长，硫矿物浸出至浸液中，而有用矿物则存在于固体中，因此导致工业应用受到限制。

随着对高效菌株的筛选和研究的深入，高硫铝土矿微生物脱硫的方法和工艺将得到更快的发展。

4.11 母液排硫

硫经氧化转化为可溶性硫酸盐需排出，氧化铝流程才能彻底达到排硫的效果，母液中排硫的方法主要有母液蒸发排硫，使溶液在蒸发浓缩时析出碳酸钠或硫酸钠，排出系统。另一种方法是对分解母液进行冷却结晶排硫，美国研究了降低循环母液的温度（低于10℃）回收碳酸钠及硫酸钠的方法也可得到母液排硫的效果。

氧化铝流程中脱硫不能有效彻底解决高硫铝土矿中的硫对氧化铝的危害，目前也尚未有大规模产业化应用的实例，因此对高硫铝土矿生产氧化铝而言，需要从源头考虑避免铝土矿中的硫进入氧化铝流程。

5 高硫铝土矿与拜耳法赤泥协同焙烧回收铝铁

目前，针对高硫铝土矿生产氧化铝过程中硫的危害问题，科研工作者不管是拜耳法生产流程前的预脱硫还是拜耳法生产氧化铝过程中采用的各种脱硫方法，都是想方设法将硫脱除。刘战伟课题组[120]采用逆向思维，将高硫铝土矿中的硫利用起来，作为一种还原剂，将难处理高硫铝土矿和氧化铝生产过程中的固废拜耳法赤泥中的铁氧化物赤铁矿还原为磁性较强的磁铁矿或单质铁，在添加剂钠盐和钙盐的作用下，将高硫铝土矿和赤泥中的含铝氧化物低温焙烧成可水溶或稀碱溶的固体铝酸钠，通过低温焙烧、浸出和磁选等工艺最终实现高硫铝土矿和拜耳法赤泥中氧化铝和氧化铁的综合回收利用。

5.1 还原—碱法焙烧过程热力学分析

高硫铝土矿与拜耳法赤泥的焙烧过程主要包括黄铁矿的还原焙烧、原料中各种含铝矿物与 $NaOH$、Na_2CO_3 的焙烧过程反应，对还原—碱法焙烧过程中发生的各反应进行了热力学分析，为后续实验提供参考的理论数据。

5.1.1 黄铁矿与氧化铁热力学分析

高硫铝土矿中的硫元素主要是以黄铁矿的形式存在，黄铁矿在 450～750℃ 之间受热分解成亚稳态磁黄铁矿多型体[121,122]，反应如下：

$$FeS_2 =\!=\!= FeS_x + (2-x)S \quad (x = 1 \sim 2) \tag{5.1}$$

采用 HSC Chemistry 6.0 热力学软件对黄铁矿和氧化铁的还原反应进行标准吉布斯自由能计算，并绘制 $\Delta G^{\ominus}$-T 图。

以黄铁矿作为还原剂来还原高硫铝土矿与拜耳法赤泥中的氧化铁，黄铁矿和黄铁矿受热分解产物与氧化铁发生还原反应，其主要反应方程见式（5.2）～式（5.9）：

$$FeS_2 + 4Fe_2O_3 =\!=\!= 3Fe_3O_4 + 2S(g) \tag{5.2}$$

$$FeS_2 + 16Fe_2O_3 =\!=\!= 11Fe_3O_4 + 2SO_2(g) \tag{5.3}$$

$$S(g) + 6Fe_2O_3 =\!=\!= 4Fe_3O_4 + SO_2(g) \tag{5.4}$$

$$FeS + 4Fe_2O_3 =\!=\!= 3Fe_3O_4 + S(g) \tag{5.5}$$

$$FeS + 10Fe_2O_3 =\!=\!= 7Fe_3O_4 + SO_2(g) \tag{5.6}$$

$$FeS + Fe_2O_3 \Longrightarrow 3FeO + S(g) \tag{5.7}$$
$$FeS + 3Fe_2O_3 \Longrightarrow 7FeO + SO_2(g) \tag{5.8}$$
$$S(g) + 2Fe_2O_3 \Longrightarrow 4FeO + SO_2(g) \tag{5.9}$$

以黄铁矿与氧化铁作为原料进行还原焙烧，焙烧温度范围 600~1000℃，查找热力学数据库，在 200~1000℃ 范围内各反应物质 $\Delta G^{\ominus}$ 见表 5.1。

表 5.1 参与反应物质的标准生成自由能

组 分	$\Delta G^{\ominus}/kJ \cdot mol^{-1}$				
	200℃	400℃	600℃	800℃	1000℃
FeS_2	-46.626	-51.348	-57.163	-63.848	-71.259
Fe_2O_3	-207.766	-215.723	-225.759	-237.569	-250.688
S	-4.015	-6.803	-10.074	-13.699	-17.611
FeS	-31.862	-37.116	-43.298	-50.127	-57.497
Fe_3O_4	-284.878	-297.423	-313.200	-331.615	-351.855
SO_2	-40.687	-54.979	-70.047	-85.726	-101.911
FeO	-70.922	-75.291	-80.463	-86.275	-92.624

在 0~1000℃ 之间，式 (5.2)~式 (5.9) 的反应方程采用 HSC Chemistry 6.0 软件进行标准吉布斯自由能计算，并绘制 $\Delta G^{\ominus}$-T 图，如图 5.1 所示。

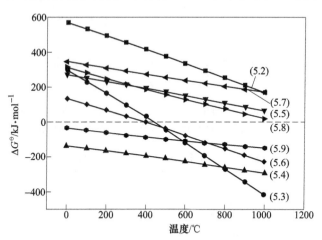

图 5.1 氧化铁与黄铁矿的 $\Delta G^{\ominus}$-T 图

由图 5.1 可知，随着反应温度的升高，各反应的标准吉布斯自由能逐渐降低，在 500~1000℃ 温度范围内，式 (5.3)、式 (5.4)、式 (5.6) 和式 (5.9) 的标准吉布斯自由能小于零；Fe_2O_3 还原生成 Fe_3O_4 反应的标准吉布斯自由能远小于 Fe_2O_3 还原生成 FeO 反应的标准吉布斯自由能；Fe_2O_3 还原焙烧过程中还原顺序为：$Fe_2O_3 \rightarrow Fe_3O_4 \rightarrow FeO$。Agrawal 等人[123]发现在 1000℃以下氧化铁的还原过程是逐级还原的过程，其还原顺序为：$Fe_2O_3 \rightarrow Fe_3O_4 \rightarrow FeO \rightarrow Fe$，这与热力学计算结果一致。温度对式（5.3）和式（5.4）的吉布斯自由能影响最大，根据吉布斯自由能的高低来判断还原剂优先反应的顺序，当温度低于 800℃时，还原剂优先顺序为：$S>FeS_2>FeS$；温度高于 800℃时，还原剂优先顺序为：$FeS_2>S>FeS$。

5.1.2　高硫铝土矿和赤泥与碳酸钠焙烧过程中热力学分析

高硫铝土矿和拜耳法赤泥采用碱法焙烧，焙烧过程的主要目的是让 Al_2O_3 在碳酸钠存在的条件下转变成 $Na_2O \cdot Al_2O_3$，并且使 SiO_2 与石灰反应生成难溶性的原硅酸钙，氧化铝碱法焙烧过程中可能发生的反应如下：

$$Na_2CO_3 + Al_2O_3 =\!=\!= Na_2O \cdot Al_2O_3 + CO_2 \qquad (5.10)$$

$$Na_2CO_3 + Fe_2O_3 =\!=\!= Na_2O \cdot Fe_2O_3 + CO_2 \qquad (5.11)$$

$$2CaO + SiO_2 =\!=\!= 2CaO \cdot SiO_2 \qquad (5.12)$$

$$CaO + SiO_2 =\!=\!= CaO \cdot SiO_2 \qquad (5.13)$$

$$CaO + Fe_2O_3 =\!=\!= CaO \cdot Fe_2O_3 \qquad (5.14)$$

$$2CaO + Fe_2O_3 =\!=\!= 2CaO \cdot Fe_2O_3 \qquad (5.15)$$

$$Al_2O_3 + Na_2O \cdot Fe_2O_3 =\!=\!= Na_2O \cdot Al_2O_3 + Fe_2O_3 \qquad (5.16)$$

$$4(CaO \cdot SiO_2) + Na_2O \cdot Al_2O_3 =\!=\!= Na_2O \cdot Al_2O_3 \cdot 2SiO_2 + 2(2CaO \cdot SiO_2)$$
$$(5.17)$$

$$4CaO + Al_2O_3 + Fe_2O_3 =\!=\!= 4CaO \cdot Al_2O_3 \cdot Fe_2O_3 \qquad (5.18)$$

$$3CaO + Al_2O_3 =\!=\!= 3CaO \cdot Al_2O_3 \qquad (5.19)$$

在选用拜耳法赤泥作为原料的焙烧过程，焙烧温度范围为 600~1100℃，查找热力学数据库，在 600~1200℃范围内各反应物质 $\Delta G^{\ominus}$ 见表 5.2。

表 5.2　参与反应物质的标准生成自由能

组　分	$\Delta G^{\ominus}$/kJ · mol^{-1}						
	600℃	700℃	800℃	900℃	1000℃	1100℃	1200℃
Na_2CO_3	−310.940	−318.178	−325.848	−334.253	−343.359	−352.822	−362.615
Al_2O_3	−419.666	−423.731	−428.101	−432.753	−437.666	−442.821	−448.204
$Na_2O \cdot Al_2O_3$	−586.081	−594.381	−603.183	−612.450	−622.147	−632.249	−642.731
CO_2	−142.372	−148.705	−155.171	−161.760	−168.463	−175.274	−182.184
Fe_2O_3	−225.759	−231.469	−237.569	−243.984	−250.688	−257.657	−264.875
$Na_2O \cdot Fe_2O_3$	−388.929	−398.911	−409.447	−420.492	−432.008	−443.963	−456.331
CaO	−163.805	−166.024	−168.369	−170.828	−173.393	−176.055	−178.808

组　分	$\Delta G^{\ominus}/kJ \cdot mol^{-1}$						
	600℃	700℃	800℃	900℃	1000℃	1100℃	1200℃
SiO_2	−231.219	−233.862	−236.675	−239.685	−242.843	−246.136	−249.555
$2CaO \cdot SiO_2$	−591.500	−598.620	−606.189	−614.330	−623.000	−632.033	−641.410
$CaO \cdot Fe_2O_3$	−398.214	−406.250	−414.736	−423.634	−432.915	−442.550	−452.520
$3CaO \cdot Al_2O_3$	−921.412	−933.117	−945.512	−958.544	−972.165	−986.337	−1001.024
$2CaO \cdot Fe_2O_3$	−568.453	−579.088	−590.321	−602.099	−614.378	−627.117	−640.285

　　根据氧化铝生产过程的热力学数据[124~127]，原料焙烧过程中各反应的吉布斯自由能 $\Delta G^{\ominus}$ 与温度 T 的关系如图 5.2~图 5.4 所示。

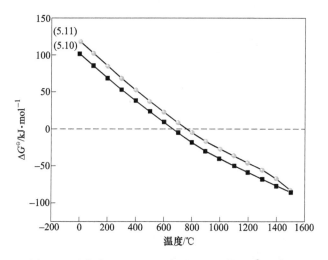

图 5.2　反应式（5.10）和式（5.11）的 $\Delta G^{\ominus}$-T 关系

　　从图 5.2~图 5.4 可以看出，反应式（5.10）、反应式（5.11）在温度大于 750℃时，反应的吉布斯自由能均小于零，除式（5.16）、式（5.17）之外，其余反应随着温度的升高，反应的吉布斯自由能降低，温度越高越有利于反应的进行。由热力学数据计算结果可以看出，氧化铝与氧化铁在碳酸钠的作用下，在计算的温度范围内生成的 $Na_2O \cdot Al_2O_3$ 比 $Na_2O \cdot Fe_2O_3$ 的吉布斯自由能更低，即 $Na_2O \cdot Al_2O_3$ 更稳定，在 1000℃左右时氧化铝能够将 $Na_2O \cdot Fe_2O_3$ 中的氧化铁置换出来。另外 CaO 在碱焙烧过程中易与 SiO_2、Fe_2O_3 分别结合形成 $2CaO \cdot SiO_2$、$CaO \cdot SiO_2$、$2CaO \cdot Fe_2O_3$、$CaO \cdot Fe_2O_3$ 和 $4CaO \cdot Al_2O_3 \cdot Fe_2O_3$ 等物质，然而氧化钙与二氧化硅生成硅酸二钙的吉布斯自由能是最低的，故硅酸二钙在实验中是最稳定的存在。

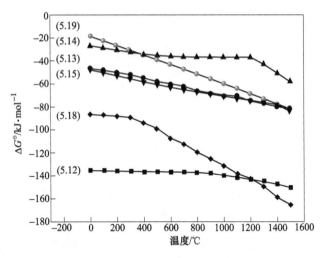

图 5.3　反应式（5.12）~式（5.15）、式（5.18）和式（5.19）的 $\Delta G^{\ominus}$-T 关系

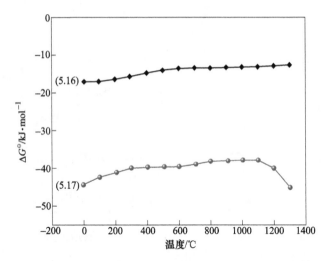

图 5.4　反应式（5.16）和式（5.17）的 $\Delta G^{\ominus}$-T 关系

5.1.3　高硫铝土矿和赤泥与氢氧化钠的热力学分析

氢氧化钠是一种强碱，在焙烧过程中，氢氧化钠与高硫铝土矿和赤泥中的氧化物发生的反应和碳酸钠与高硫铝土矿和赤泥中的氧化物发生的反应类似，所以氢氧化钠碱性焙烧过程中，主要考虑其与氧化铝、氧化铁和二氧化硅发生的化学反应，如下所示：

$$Al_2O_3 + NaOH \xlongequal{\qquad} Na_2O \cdot Al_2O_3 + H_2O \qquad\qquad (5.20)$$

$$2NaOH + Fe_2O_3 \Longrightarrow Na_2O \cdot Fe_2O_3 + H_2O \tag{5.21}$$

$$2NaOH + SiO_2 \Longrightarrow Na_2SiO_3 + H_2O \tag{5.22}$$

$$Al_2O_3 + 3CaO \Longrightarrow 3CaO \cdot Al_2O_3 \tag{5.23}$$

$$2CaO + SiO_2 \Longrightarrow 2CaO \cdot SiO_2 \tag{5.24}$$

选用高硫铝土矿和拜耳法赤泥作为原料的碱性焙烧过程，焙烧温度范围为600~900℃，查找热力学数据库，在400~1100℃范围内各反应物质 $\Delta G^\ominus$ 见表5.3。

表5.3　参与反应物质的标准生成自由能

组　分	$\Delta G^\ominus / kJ \cdot mol^{-1}$						
	400℃	500℃	600℃	700℃	800℃	900℃	1000℃
Al_2O_3	−412.576	−415.936	−419.666	−423.731	−428.101	−432.753	−437.666
NaOH	−116.283	−120.212	−124.406	−128.831	−133.463	−138.280	−143.266
$Na_2O \cdot Al_2O_3$	−571.239	−578.330	−586.081	−594.381	−603.183	−612.450	−622.147
H_2O	−82.883	−86.447	−90.375	−94.625	−99.164	−103.965	−109.005
Fe_2O_3	−215.723	−220.503	−225.759	−231.469	−237.569	−243.984	−250.688
$Na_2O \cdot Fe_2O_3$	−370.867	−379.558	−388.929	−398.911	−409.447	−420.492	−432.008
SiO_2	−226.575	−228.782	−231.219	−233.862	−236.675	−239.685	−242.843
Na_2SiO_3	−396.782	−402.355	−408.418	−414.928	−421.852	−429.161	−436.830
CaO	−159.803	−161.726	−163.805	−166.024	−168.369	−170.828	−173.393
$3CaO \cdot Al_2O_3$	−900.364	−910.467	−921.412	−933.117	−945.512	−958.544	−972.165
$2CaO \cdot SiO_2$	−578.772	−584.868	−591.500	−598.620	−606.189	−614.330	−623.000

根据上面的化学反应，对照热力学数据库，原料焙烧过程中各反应的吉布斯自由能 $\Delta G^\ominus$ 与温度 T 的关系如图5.5所示。

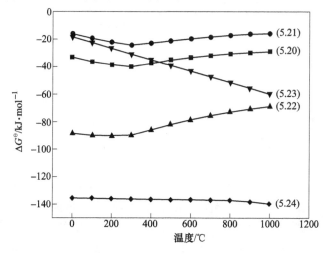

图5.5　反应式（5.20）~式（5.24）的 $\Delta G^\ominus$-T 关系

从图 5.5 可以看出，氢氧化钠作为添加剂的情况下，在 0~1000℃ 范围内，氢氧化钠与氧化铝和氧化铁形成的铝酸钠和铁酸钠的吉布斯自由能都小于零，在相同条件下，形成铝酸钠的吉布斯自由能比铁酸钠的低，铝酸钠更稳定。氧化钙和氢氧化钠与二氧化硅形成硅酸二钙和硅酸钠，生成的硅酸二钙比硅酸钠的吉布斯自由能低，硅酸二钙是最容易形成的和最稳定的存在形式。与碳酸钠作为添加剂进行焙烧相比，在温度低于 900℃ 时，氢氧化钠比碳酸钠更容易生成固体铝酸钠。

5.2　高硫铝土矿与拜耳法赤泥协同焙烧回收氧化铝

5.2.1　碳酸钠碱法焙烧回收氧化铝

高硫铝土矿与拜耳法赤泥协同焙烧回收氧化铝的过程中，氧化铝回收率的高低主要由生料焙烧和熟料中氧化铝溶出这两个过程决定，首先探讨一下焙烧过程中焙烧温度和焙烧时间对氧化铝回收率的影响。

高硫铝土矿来自云南地区，原料经过研磨、干燥等处理，通过 X 射线衍射荧光分析和 X 射线衍射对高硫铝土矿进行化学成分和物相进行分析，结果见表 5.4 和图 5.6。高硫铝土矿中主要含有 Al、Fe、Si、S 等元素，氧化铝含量为 53.73%，二氧化硅含量为 10.99%，铝硅比为 4.89，该矿可以采用拜耳法处理，但由于该矿中 S 含量为 5.08%，硫含量过高不适合选用拜耳法处理，如果要利用此矿必须进行脱硫处理。高硫铝土矿样品的衍射图谱峰简单，原矿中铝矿物成分主要为一水硬铝石型铝土矿，黄铁矿、锐钛矿、铝硅化合物等矿物含量较少，通过 Jade6.0 物相分析软件，高硫铝土矿中硫的化合物在 XRD 图谱上以黄铁矿（FeS_2）衍射峰的形式存在。

表 5.4　高硫铝土矿化学成分

化学成分	Al_2O_3	Fe_2O_3	SiO_2	TiO_2	K_2O	S
含量/%	53.73	19.95	10.99	8.21	2.05	5.08

实验原料拜耳法赤泥来自中国贵州某氧化铝厂，由于实验原料为拜耳法赤泥浆，原料经过过滤、干燥、研磨等处理，通过 X 射线衍射荧光分析和 X 射线衍射对拜耳法赤泥进行化学成分和物相进行分析，结果见表 5.5 和图 5.7，赤泥中主要成分为 Fe_2O_3、Al_2O_3、SiO_2、CaO 等，其中最主要成分赤铁矿（Fe_2O_3）含量为 35.16%，氧化铝含量为 14.87%，二氧化硅含量为 15.84%，铝硅比为 0.94，碱和铁含量较高，为本书所需的高铁拜耳法赤泥。赤泥样品的衍射图谱峰复杂，高峰物相赋存状态简单，原矿的主要矿物成分是赤铁矿（Fe_2O_3）、一水硬铝石（AlO（OH））、水钙铝榴石（Ca_3Al_2（SiO_2）（OH）$_8$）及钙霞石（Na_8（$Al_6Si_6O_{24}$）（OH）$_{2.04}$（H_2O）$_{2.66}$），铁元素主要以 Fe_2O_3 形式存在于赤泥原料中。

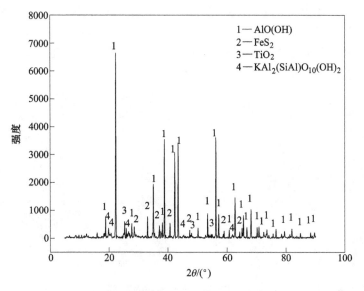

图 5.6 高硫铝土矿的 XRD 图谱

表 5.5 拜耳法赤泥化学成分

化学成分	Al_2O_3	Fe_2O_3	SiO_2	CaO	Na_2O	TiO_2
含量/%	14.87	35.16	15.84	18.1	7.25	4.88

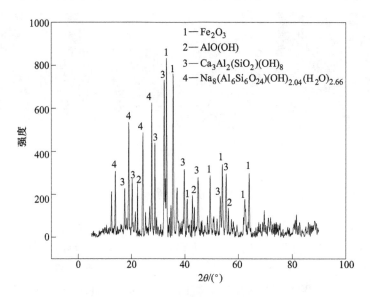

图 5.7 拜耳法赤泥 XRD 图谱

　　为了更深刻地分析拜耳法赤泥的特性，对赤泥的形貌特征进行 SEM 分析，同时进行 EDS 分析，其结果如图 5.8 所示，拜耳法赤泥呈不规则的针状、柱状及颗粒状。此外，部分赤泥颗粒聚集。由 EDS 分析来看，赤泥主要由铝、钙、铁、钠、硅、钛组成，分布并不不均匀，没有规律性。

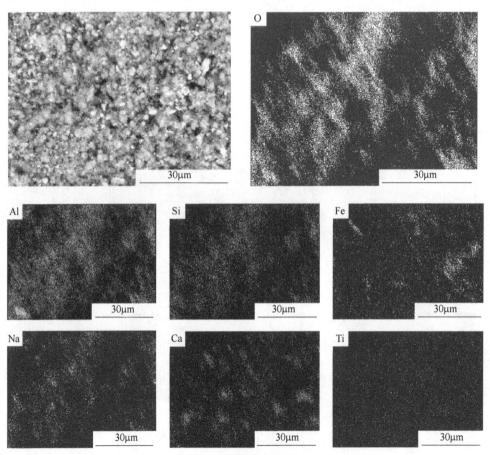

图 5.8　拜耳法赤泥的 SEM-EDS 分析结果图

5.2.1.1　焙烧温度对氧化铝溶出率的影响

　　毕诗文等人[127]发现在 800℃ 下氧化铝与碳酸钠能够完全反应，但是需要的时间长，适当地提高温度可加快反应速率，当温度在 1100℃ 左右时，焙烧时间 60min 内可以完成。结合 5.1 节热力学计算结果，选择焙烧实验温度为 800℃、900℃、1000℃、1100℃、1200℃，焙烧时间为 60min，原料中的氧化铁与高硫铝土矿中黄铁矿的摩尔比为 8：1，碳酸钠添加量为 $Na_2CO_3/Al_2O_3 = 1.0$（摩尔比），钙比按 $CaO/SiO_2 = 2.0$（摩尔比，后续实验没有特别说明均为摩尔比），熟料研磨均匀后放入稀碱溶液（NaOH：15g/L、Na$_2$CO$_3$：5g/L）中溶出，溶出温度为80℃，溶出时间为20min，液固比为10mL/g。考察不同焙烧温度对氧化铝溶出率的影响，结果如图5.9所示。

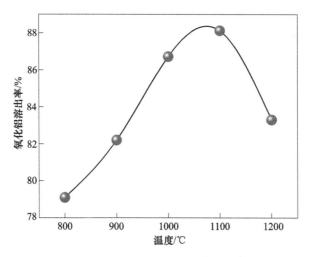

图5.9 焙烧温度对氧化铝溶出率的影响

从图5.9可知，在800～1100℃温度范围之内，随着焙烧温度的升高，氧化铝的溶出效果越来越好，升高温度将会提高固体结构中质点热振动动能[128]，增加反应活化能，促使氧化铝的溶出。当温度升高到1200℃时，提高焙烧温度会使氧化铝的溶出率降低，这是因为物料烧结过程中会形成大量的液相，熟料收缩形核，使熟料结构更加致密，导致氧化铝的溶出率降低，故焙烧的温度不宜过高。

5.2.1.2 焙烧时间对氧化铝溶出率的影响

研究不同焙烧时间对高硫铝土矿和拜耳法赤泥中氧化铝回收率的影响，原料中的氧化铁与高硫铝土矿中黄铁矿的摩尔比为8∶1，钙比为2.0，碱比为1.0，均匀混合，在1100℃的条件下焙烧时间为20min、40min、60min、80min、100min，炉内自然冷却，熟料在稀碱溶液（NaOH：15g/L、Na$_2$CO$_3$：5g/L）中溶出，溶出温度为80℃，溶出时间为20min，液固比为10mL/g。考察不同焙烧时间对氧化铝溶出率的影响结果，如图5.10所示。

从图5.10可知，焙烧时间在20～60min内，氧化铝的溶出率随焙烧时间的增加逐渐增加，焙烧时间超过60min后，氧化铝的溶出率随焙烧时间的增加基本保持不变。在不同焙烧时间下对熟料轮廓大小进行观察，发现随着焙烧时间的延长，熟料的轮廓越来越小，收缩越明显，导致物料更加的致密。焙烧时间超过60min时，氧化铝的溶出率基本不变，可知物料里面的氧化铝已经完全转化成可溶性的铝酸钠，焙烧时间为60min最合适。

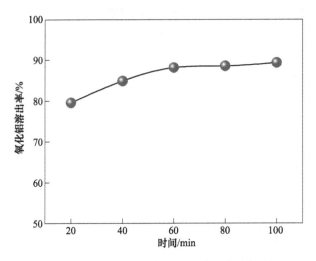

图 5.10　焙烧时间对氧化铝的溶出率的影响

　　将烧结好的熟料磨细进行溶出，溶出过程就是将处理好的焙烧熟料溶于稀碱或水溶液中，使可溶性的固体铝酸钠变成铝酸钠溶液。控制好溶出过程的参数，有利于降低氧化铝和稀碱溶液的损失，快速地分离不溶性的残渣和溶液，对分离的固体残渣进行多次沸水洗涤，降低溶液中的氧化铝和苛性碱的损失。

　　为了便于氧化铝的溶出，熟料焙烧温度为 1100℃，保温 60min，配料中碱比为 1.0，钙比为 2.0。在不同溶出条件下，探讨熟料中氧化铝的回收效果。

5.2.1.3　溶出温度对氧化铝溶出率的影响

　　研磨熟料在稀碱溶液中进行溶出，做单因素对照实验，熟料溶出温度为：50℃、60℃、70℃、80℃、90℃，其他实验条件为：液固比 10mL/g，溶出时间 20min，NaOH 浓度 15mol/L，Na_2CO_3 浓度 5mol/L，热水多次洗涤滤饼，考察不同溶出温度对氧化铝溶出率的影响，如图 5.11 所示。

　　如图 5.11 所示，当溶出温度低于 80℃时，溶出温度的升高有利于氧化铝溶出率的增加，这是因为升高温度将降低溶出液中液相黏度，加剧溶液中离子间的碰撞能力，增强液固反应速率，提高熟料中氧化铝的溶出率；当温度升高到 80℃后，再升高温度，溶出率反而下降，因为升高温度加剧了二次反应，使熟料中的 $2CaO \cdot SiO_2$ 加剧分解，强化了二次反应，使溶液中的铝酸钠溶液又重新转变成水化石榴石进入渣中，氧化铝溶出率下降。熟料溶出过程中温度不宜过高，有利于降低二次反应的生成速率。

5.2.1.4　溶出时间对氧化铝溶出率的影响

　　溶出温度在 80℃下保持不变，溶出时间分别为 10min、15min、20min、

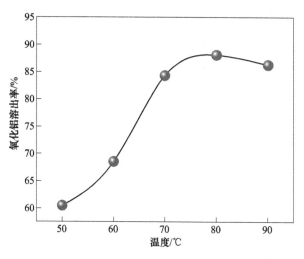

图 5.11 不同溶出温度对氧化铝溶出率的影响

25min、30min，其他条件为：液固比 10mL/g，NaOH 浓度 15mol/L，Na_2CO_3 浓度 5mol/L，热水多次洗涤滤饼，考察不同溶出时间对氧化铝溶出率的影响，如图 5.12 所示。

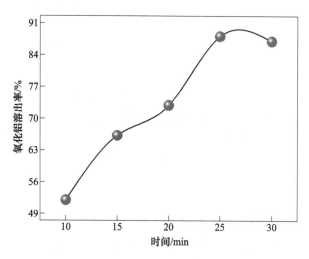

图 5.12 不同溶出时间对氧化铝溶出率的影响

溶出熟料中的铝酸钠时，溶出时间在 25min 之内，氧化铝的溶出率随溶出时间的增加持续上升，因为随着溶出时间的延长，熟料中 $Na_2O \cdot Al_2O_3$、$CaO \cdot Al_2O_3$ 和 $12CaO \cdot 7Al_2O_3$ 转变成铝酸钠溶液，从而提高氧化铝的溶出率；当溶出时间延长到 25min，随着溶出时间的增加，氧化铝的溶出率有所降低，其原因是熟料中的原硅酸钙的分解速率也将超过铝酸钠的溶出速率，时间越长效果越明显，分解数量的增加会使溶出的铝酸钠溶液再次反应，形成水化石榴石和水合铝酸钙进入渣中。溶出时间控制在 25min 最合适。

5.2.1.5 液固比对氧化铝溶出率的影响

熟料在稀碱溶液中溶出，其中溶出温度 80℃，溶出时间 25min，热水多次洗涤滤饼，考察不同液固比对氧化铝溶出率的影响，如图 5.13 所示。

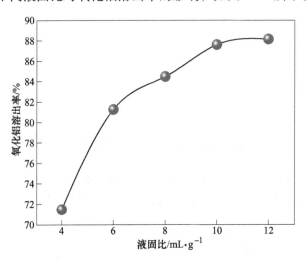

图 5.13 不同液固比对氧化铝溶出率的影响

由图 5.13 可知，随着液固比比值的增大，氧化铝的溶出效果越明显，比值的增大降低溶液中物质的浓度，熟料中的铝酸钠与溶出液接触的机会保持不变，二次反应的产物与铝酸钠溶液反应的机会降低，降低溶液中铝酸钠溶液分解率，液固比的增加使液相中物质的黏度降低，加快铝酸钠溶液的溶出。液固比比值超过 10mL/g 时，氧化铝的溶出率变化不明显，液固比增加会提高生产设备的负荷，使生产成本提高。

5.2.1.6 氢氧化钠浓度对氧化铝溶出率的影响

在溶出温度 80℃、液固比为 10mL/g、溶出时间 25min 的条件下，热水多次洗涤滤饼，考察不同 NaOH 浓度对氧化铝溶出率的影响，结果如图 5.14 所示。

由图 5.14 可知，在氢氧化钠浓度为 9~18g/L 时，在溶出过程中，NaOH 浓度的增加会加速铝酸钠的分解。NaOH 浓度的增加主要用于与熟料中的 $Na_2O \cdot Al_2O_3$ 加速反应生成 $NaAl(OH)_4$，氧化铝溶出率逐渐增加。随着熟料中铝酸钠溶解趋于完成，NaOH 浓度量的增加导致熟料中 $2CaO \cdot SiO_2$ 分解，加速二次反应，使氧化铝溶出降低。溶液中的 NaOH 浓度越低，苛性比比值越小，降低溶液的稳定性。

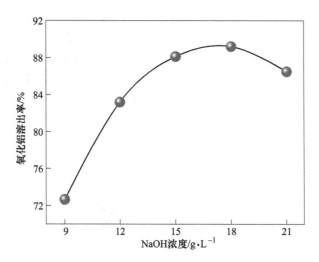

图 5.14 不同 NaOH 浓度对氧化铝溶出率的影响

5.2.1.7 碳酸钠浓度对氧化铝溶出率的影响

在溶出温度 80℃、液固比为 10mL/g、溶出时间 25min、NaOH 浓度为 18g/L 的条件下，热水多次洗涤滤饼，考察不同 Na_2CO_3 浓度对氧化铝溶出率的影响，如图 5.15 所示。

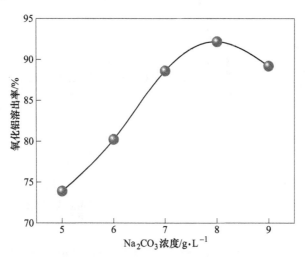

图 5.15 不同 Na_2CO_3 浓度对氧化铝溶出率的影响

由图 5.15 可知，在碳酸钠浓度为 5~8g/L 时，随着 Na_2CO_3 浓度的增加，熟料氧化铝溶出率不断提高，这是因为 Na_2CO_3 将会与熟料中的 $CaO \cdot Al_2O_3$ 和

$12CaO \cdot 7Al_2O_3$ 反应，生成铝酸钠溶液，另外溶液中 Na_2CO_3 浓度增高到一定程度后，能够促使 $Ca(OH)_2$ 转变为 $CaCO_3$，从而防止溶液中水化石榴石和水合铝酸钙的形成，使熟料中的氧化铝溶出率提高。当熟料中的钙氧化合物与 Na_2CO_3 反应趋于完成时，过剩的碳酸钠将引导二次反应的进行，使 $2CaO \cdot SiO_2$ 分解，分解产物使铝酸钠溶液分解，降低氧化铝的溶出率。

5.2.2　碳酸钠和氢氧化钠碱法焙烧回收氧化铝

采用 Na_2CO_3 焙烧处理高硫铝土矿和拜耳法赤泥，生成固体铝酸钠的焙烧温度较高，生产成本增加。采用 $NaOH-Na_2CO_3$ 焙烧体系处理高硫铝土矿和拜耳法赤泥回收氧化铝，Na_2CO_3 和 NaOH 两种物质相比较，NaOH 的价格比 Na_2CO_3 的价格更高，但是 NaOH 比 Na_2CO_3 形成铝酸钠的温度更低，因此，同时选用 NaOH 和 Na_2CO_3 作为添加剂。

根据 NaOH 与 Al_2O_3 反应的热力学计算结果，对 NaOH 与 Al_2O_3 的焙烧结果进行验证。牟文宁等人[129]研究发现在温度为 300℃时，选用 NaOH 作为添加剂焙烧时能够使 Al_2O_3 熔化，在 NaOH 与 Na_2CO_3 的质量比为 1∶1 时，熔化温度为 600℃。探讨在 600℃ 下，Al_2O_3 与 NaOH 按照质量比为 1∶1 和 1∶2 的实验结果，焙烧熟料 XRD 检测结果如图 5.16 和图 5.17 所示。

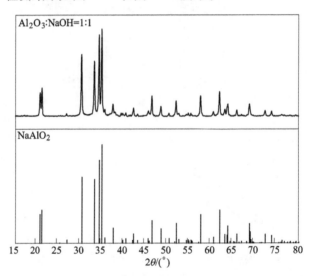

图 5.16　Al_2O_3 与 NaOH 质量比为 1∶1 时的 XRD 检测结果

从图 5.16 和图 5.17 的 XRD 结果中可以发现，在焙烧温度为 600℃时，NaOH 能够使 Al_2O_3 转变成固体铝酸钠，实验结果与热力学计算结果一致。降低 Al_2O_3 与 NaOH 质量比时，熟料的 XRD 分析结果中还发现 NaOH 和 NaOH 的水合

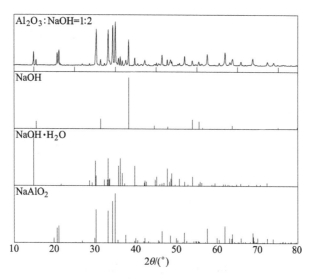

图 5.17 Al_2O_3 与 NaOH 质量比为 1:2 时的 XRD 检测结果

物存在，可判断原料中的 Al_2O_3 已完全转变成固体铝酸钠。与碳酸钠的焙烧结果相比较，NaOH 作为添加剂与 Al_2O_3 生成的固体铝酸钠的温度更低，更有利于铝酸钠的生成。

5.2.2.1 焙烧温度对氧化铝溶出率的影响

原料中的氧化铁与高硫铝土矿中黄铁矿的摩尔比为 8:1，钙比为 2.0，碱比为 1.0，碳酸钠与氢氧化钠的质量比为 6:4，均匀混合，焙烧温度为：500℃、600℃、700℃、800℃、900℃、1000℃，焙烧时间为 60min，在炉内自然冷却，熟料进行水溶出（去离子水，后续实验没有特别说明均为去离子水），溶出温度 80℃，溶出时间 20min，液固比为 10mL/g，考察不同焙烧温度对氧化铝溶出率的影响，如图 5.18 所示。

由图 5.18 可知，焙烧温度为 500~900℃时，随着温度的升高氧化铝的溶出逐渐增加，温度的提高有助于增加反应物的活性，使物质反应更加剧烈，促进可溶性铝酸钠的形成；焙烧温度为 900~1000℃时，氧化铝的溶出率基本不变，其原因是原料里面的氧化铝转变成可溶性的铝酸钠已经基本完成，继续随着温度的提高会加剧液相的形成，物质收缩形核不利于氧化铝的溶出。在焙烧温度为 900℃和 1000℃时氧化铝的溶出效果是最好的，综合考虑，选取最优焙烧温度为 900℃。

5.2.2.2 焙烧时间对氧化铝溶出率的影响

原料中的氧化铁与高硫铝土矿中黄铁矿的摩尔比为 8:1，钙比为 2.0，碱比

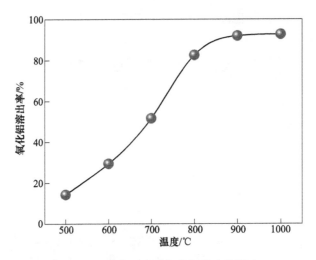

图 5.18　焙烧温度对氧化铝溶出的影响

为 1.0，碳酸钠与氢氧化钠的质量比为 6∶4，均匀混合，在焙烧温度 900℃ 条件下，焙烧时间分别为 20min、40min、60min、80min、100min，在炉内自然冷却，熟料进行水溶出，溶出温度为 80℃，溶出时间为 20min，液固比为 10mL/g，考察不同焙烧时间对氧化铝溶出率的影响，如图 5.19 所示。

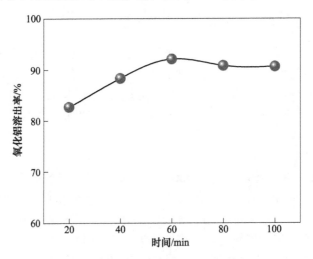

图 5.19　焙烧时间对氧化铝溶出率的影响

由图 5.19 可知，焙烧时间对氧化铝的溶出率有明显的影响，随着焙烧时间的延长，氧化铝的溶出率先增加后减少，在焙烧时间为 60min 时，原料中氧化铝已经转变成可溶性的固体铝酸钠，氧化铝的溶出率最佳。焙烧时间为 20~60min，延长焙烧时间有助于原料中的氧化铝充分转变成铝酸钠；焙烧时间为 60~

100min，时间的增加使熟料液相化加剧，物质更加致密、硬度增加，降低氧化铝的溶出率。

5.2.2.3　质量比对氧化铝溶出率的影响

根据文献资料，选用 NaOH 和 Na_2CO_3 作为添加剂，在不同的配比下熔融状态不同，选择原料中的氧化铁与高硫铝土矿中黄铁矿的摩尔比为 8∶1，钙比为 2.0，碱比为 1.0，碳酸钠与氢氧化钠的质量比分别为 8∶2、6∶4、4∶6、2∶8、0∶10，物料均匀混合，在 900℃ 下焙烧 60min，炉内自然冷却，熟料进行水溶，溶出温度为 80℃，溶出时间为 20min，液固比为 10mL/g，考察不同 Na_2CO_3 与 NaOH 质量比对氧化铝溶出率的影响，如图 5.20 所示。

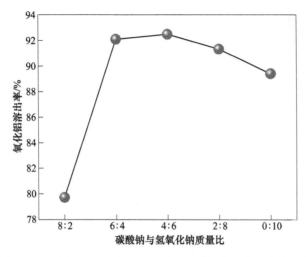

图 5.20　不同 Na_2CO_3 与 NaOH 质量比对氧化铝溶出率的影响

由图 5.20 可知，在不同碳酸钠与氢氧化钠的质量比下，对氧化铝溶出率的影响较大，随着碳酸钠与氢氧化钠的质量比的减少，氧化铝的溶出率先增加后降低，其原因是在不同的质量比下 NaOH-Na_2CO_3 体系的熔化温度不同，影响了可溶性铝酸钠的形成，另外 NaOH 的熔化温度低，使物料中液相化增加，物料的质地紧密，不利于熟料中的铝酸钠的溶出。实验最优结果是碳酸钠与氢氧化钠的质量比为 6∶4 和 4∶6，氧化铝的溶出率效果最好，碳酸钠的经济价格比氢氧化钠便宜，氢氧化钠的碱度高，对实验设备的要求高，综合考虑选择碳酸钠与氢氧化钠的质量比为 6∶4，氧化铝溶出率为 92.10%。

5.2.2.4　溶出温度对氧化铝溶出率的影响

氧化铝的溶出率高低与铝酸钠的溶出速率有关，溶出温度与溶出速率关系密切，选择原料中的氧化铁与高硫铝土矿中黄铁矿的摩尔比为 8∶1，钙比为 2.0，碱比为 1.0，碳酸钠与氢氧化钠的质量比为 6∶4，物料均匀混合，在 900℃下焙烧 60min，炉内自然冷却，熟料进行水溶，溶出温度分别为 40℃、50℃、60℃、70℃、80℃、90℃，溶出时间为 20min，液固比为 10mL/g，考察不同溶出温度对氧化铝溶出率的影响，如图 5.21 所示。

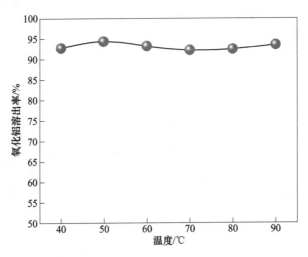

图 5.21　不同溶出温度对氧化铝溶出率的影响

由图 5.21 可知，在不同的温度下，氧化铝的溶出情况变化不大，说明溶出温度对氧化铝的回收率影响不大，由结果发现在溶出温度为 50℃和 90℃时，氧化铝溶出率最优，综合考虑选择溶出温度为 50℃，氧化铝溶出率为 94.33%。

5.2.2.5　溶出时间对氧化铝溶出率的影响

选择原料中的氧化铁与高硫铝土矿中黄铁矿的摩尔比为 8∶1，钙比为 2.0，碱比为 1.0，碳酸钠与氢氧化钠的质量比为 6∶4，物料均匀混合，在 900℃下焙烧 60min，炉内自然冷却，熟料进行水溶，溶出温度为 80℃，溶出时间分别为 5min、10min、15min、20min、25min，液固比为 10mL/g，考察不同溶出时间对氧化铝溶出率的影响，结果如图 5.22 所示。

由图 5.22 可知，不同的溶出时间下，氧化铝的溶出率随溶出时间先增加后减少，在 20min 之前，随着溶出时间的增加氧化铝溶出率增加，其原因在于物料中可溶性铝酸钠没有完全溶解和铝酸钠溶解速率大于铝酸钠溶液二次反应速率，溶出时间超过 20min 时，熟料中铝酸钠已完全分解，溶液中主要反应为铝酸钠溶液的二次分解反应，降低溶液中的氧化铝的含量，不利于氧化铝的溶出，溶出时间影响着氧化铝的溶出，最佳溶出时间为 20min，氧化铝溶出率为 92.10%。

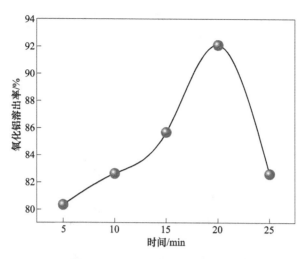

图 5.22　不同溶出时间对氧化铝回收的影响

5.2.2.6　溶出液对氧化铝溶出率的影响

根据 5.2.1 节中碳酸钠焙烧体系中氧化铝的溶出过程，选用 NaOH 和 Na_2CO_3 作为溶出液，增加了使用成本。为探究在溶出过程中碱溶（NaOH 浓度：18g/L；Na_2CO_3 浓度：8g/L）与水溶对氧化铝的回收率的影响，在以下条件进行实验：原料中的氧化铁与高硫铝土矿中黄铁矿的摩尔比为 8∶1，碱比为 1.0，氢氧化钠与碳酸钠的质量比 4∶6，钙比为 2.0，在 900℃下焙烧 60min，熟料球磨后进行溶出，溶出温度为 80℃，溶出时间为 20min，在磁力搅拌转速 20r/min 下溶出。考察不同溶出条件对氧化铝溶出率的影响结果，如图 5.23 所示。

从图 5.23 的溶出结果中可以发现，碱溶条件下氧化铝的溶出率比水溶条件下氧化铝的溶出率高 3.36 个百分点，碱溶与水溶的溶出效果相当。并且在碱溶中会加入氢氧化钠和碳酸钠，存在原料的消耗和增加了实验的危险性，水溶的操作更加的方便、安全和经济。综合考虑，实验最佳溶出条件为水溶。

5.2.2.7　成分的分析

选择原料中的氧化铁与高硫铝土矿中黄铁矿的摩尔比为 8∶1，钙比为 2.0，碱比为 1.0，碳酸钠与氢氧化钠的质量比为 6∶4，物料均匀混合，在 900℃下焙烧 60min，炉内自然冷却，熟料进行水溶，溶出温度为 80℃，溶出时间为 20min，液固比为 10mL/g，溶出渣干燥后进行 XRD 分析，如图 5.24 所示。

由图 5.24 可知，在 $NaOH-Na_2CO_3$ 碱性焙烧的熟料中，熟料采用水溶能够使铝酸钠完全溶解。熟料经过溶出后，渣中的主要物相成分为 Fe_3O_4、Ca_2SiO_4、

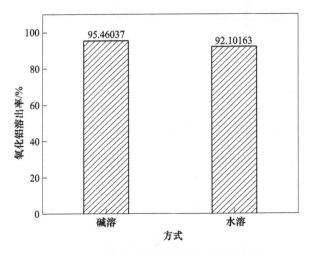

图 5.23　碱溶与水溶氧化铝溶出率的比较

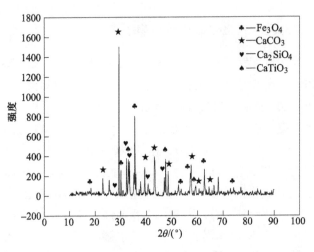

图 5.24　熟料溶出 XRD 图

$CaTiO_3$ 和 $CaCO_3$，$Na_2O \cdot Al_2O_3$ 溶解在溶液中，采用碳分——焙烧回收氧化铝，溶出渣作为磁选原料。

5.3　高硫铝土矿与拜耳法赤泥协同焙烧回收氧化铁

由 5.2 节中拜耳法赤泥与高硫铝土矿性质分析可知，赤泥中的铁元素以赤铁矿的形式存在，高硫铝土矿中的铁元素以黄铁矿的形式存在。赤泥里面的铁氧化物选用还原焙烧的方法，利用高硫铝土矿中的黄铁矿作为还原剂，将氧化铁还原成磁性强的磁铁矿，焙烧过程中添加氢氧化钠、碳酸钠和氧化钙同时焙烧，焙烧熟料经过水浸溶出氧化铝、溶出渣干燥研磨，磁选获得铁精矿。本节的实验选用 NaOH、Na_2CO_3 和 CaO 作为添加剂，采用还原—碱性焙烧技术，先回收熟料中的氧化铝，然后再对溶出渣磁选回收铁。

在赤泥还原焙烧过程中，焙烧温度、焙烧时间、配料摩尔比、磁场强度、球磨时间等对铁回收率有影响，故本节着重考虑上述条件对高硫铝土矿与拜耳法赤泥还原—碱性焙烧过程中铁回收的影响，寻找最优条件。

5.3.1　黄铁矿与氧化铁的焙烧过程

FeS_2 与 Fe_2O_3 焙烧体系中，FeS_2 中 S 的价态为 -1 价，表现为还原性，作为还原剂使 Fe_2O_3 还原成强磁性的 Fe_3O_4，黄铁矿在高温下稳定性差，Mayora 等人[121]研究证实在热处理过程中黄铁矿中的硫是逐渐脱出的。参考 5.1 节中 FeS_2 与 Fe_2O_3 热力学计算结果，在氧化铁与黄铁矿的摩尔比为 8：1 的条件下氮气气氛下进行 TG-DTA 分析，如图 5.25 所示。

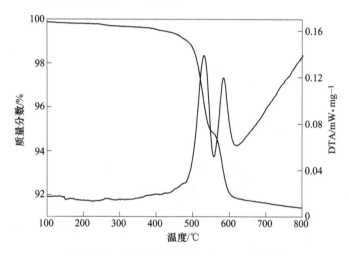

图 5.25　黄铁矿与氧化铁 TG-DTA 曲线图

由图 5.25 可知，在 400～600℃温度范围内有两个失重阶段，每个失重阶段都分别对应 DTA 曲线上的一个吸热峰，在 600～800℃温度范围内存在逐渐失重和 DTA 曲线逐渐升高现象，在 400～800℃温度范围内物料总失重率为 8.1344%。结合热力学软件分析可知，在一定温度下 FeS_2、FeS 和 S 均能够使氧化铁还原成四氧化三铁，温度为 530℃的峰为氧化铁被黄铁矿分解产物 S 还原吸收的热量形成的吸热峰，温度为 600℃的峰为氧化铁被 FeS_2 还原过程吸收的热量形成的吸热峰，在 620℃之后存在一个逐渐吸热的过程，黄铁矿的分解产物 FeS 与氧化铁还原过程为吸热过程，还伴随着金属氧化物的晶型转变过程时吸收的热量形成吸热现象。

　　将氧化铁与黄铁矿按摩尔比 8∶1 配比混合放入电阻炉中，分别在 600~900℃温度下焙烧 1h，不同温度下还原产物物相的结果如图 5.26 所示。

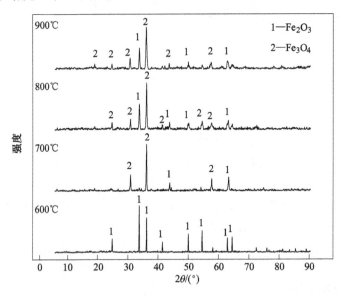

图 5.26　不同温度下黄铁矿与氧化铁焙烧 XRD 图

　　从图 5.26 可以看出，温度是氧化铁还原成四氧化三铁最主要的影响因素。在 600℃时可以清晰地发现衍射图谱峰全为氧化铁峰，700℃时物相开始发生转变，四氧化三铁峰出现在 XRD 图谱上；在 800℃时衍射峰物相中大部分呈现为四氧化三铁峰形式，少部分表现为氧化铁峰；随着温度的继续升高，物相中衍射峰没有明显变化。发现 XRD 图谱中一直有氧化铁峰的存在，其原因是由于高温下黄铁矿和黄铁矿受热分解产物（FeS、S）与氧化铁的接触不充分导致氧化铁未完全反应。实验温度比理论温度高，其原因是实验选用双坩埚和填充石墨粉，导致传进物料的热量比实际的炉子输出的热量偏低。

5.3.2　黄铁矿与赤泥焙烧过程

　　将赤泥中的氧化铁与黄铁矿的摩尔比按 8∶1 配比混合放入电阻炉中，根据黄铁矿与氧化铁的焙烧实验结果，将黄铁矿与赤泥分别在 800~1000℃温度下焙烧 1h，不同温度下还原产物物相的结果如图 5.27 所示。

　　由图 5.27 可知，赤泥与黄铁矿在 800~1000℃温度下焙烧可以明显地发现焙烧熟料中的铁元素只以磁铁矿峰的形式存在，没有其他铁化合物存在，同时焙烧过程中黄铁矿对赤泥中其他物质没有影响。在 900℃时发现熟料中的 $Na_8Al_4Si_4O_{18}$ 转变成 $Na_8Al_6Si_6O_{24}SO_4$，可能是还原产生的 SO_2 气体与熟料结合形成，在此温度下可能具有回收 SO_2 气体的效果。

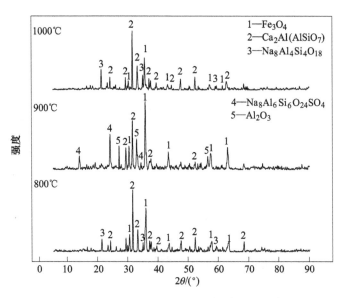

图 5.27　赤泥与黄铁矿焙烧温度 XRD 图

5.3.3　焙烧温度对铁回收率的影响

本节采用还原—碱性焙烧工艺，探究了焙烧温度对高硫铝土矿和拜耳法赤泥中铁回收率的影响。实验在以下条件下进行：选择原料中的氧化铁与黄铁矿的摩尔比为 8：1，钙比为 2.0，碱比为 1.0，碳酸钠与氢氧化钠的质量比为 6：4，物料均匀混合，焙烧温度分别为 700℃、800℃、900℃、1000℃、1100℃，焙烧时间为 60min，炉内自然冷却，熟料进行水溶，溶出温度为 80℃，溶出时间为20min，液固比为 10mL/g；对溶出渣进行磁选，溶出渣球磨时间为 3min，磁选强度为 100kA/m。铁回收情况如图 5.28 所示。

由图 5.28 可知，在焙烧温度为 700~900℃时，随着焙烧温度的升高，铁精矿中的铁品位及铁回收率均呈升高趋势，升高温度有助于各物质的活性，加快反应速率，提高铁的回收率。在焙烧温度高于 900℃时，铁品位和铁回收率逐渐降低，其原因为高硫铝土矿中的黄铁矿在高温下容易分解，导致氧化铁还原反应不充分；另外高温下会使物质越来越容易液相，焙烧熟料更致密，降低铁回收率。结合氧化铝回收的结果考虑，综合考虑选择焙烧温度为 900℃，此时铁精矿品位为 44.45%，铁回收率为 81.30%。

5.3.4　焙烧时间对铁回收率的影响

本节采用还原—碱性焙烧工艺，探究了焙烧时间对高硫铝土矿和拜耳法赤泥中铁回收的影响。实验在以下条件下进行：选择原料中的氧化铁与黄铁矿的摩尔

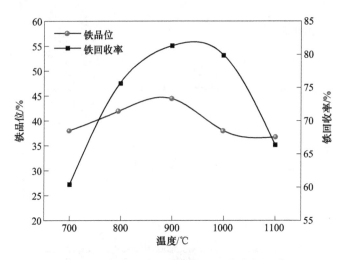

图 5.28　焙烧温度对铁品位及回收率的影响

比为 8 : 1，钙比为 2.0，碱比为 1.0，碳酸钠与氢氧化钠的质量比为 6 : 4，物料均匀混合，焙烧温度为 900℃，焙烧时间分别为 20min、40min、60min、80min、100min，炉内自然冷却，熟料进行水溶，溶出温度为 80℃，溶出时间为 20min，液固比为 10mL/g，磁选溶出渣，溶出渣球磨时间为 3min，磁选强度为 100kA/m。铁回收情况如图 5.29 所示。

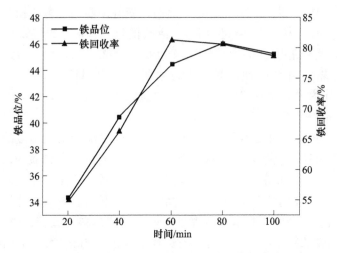

图 5.29　焙烧时间对铁回收和铁品位的影响

由图 5.29 可知，焙烧时间为 20~60min 时，延长焙烧时间有助于铁精矿中的铁品位和铁回收率的增加；在焙烧时间高于 60min 时，铁精矿中的铁品位增加而铁回收率降低，在 60min 时原料中的黄铁矿与氧化铁的反应基本完成，随着焙烧时间延长，还原产物四氧化三铁被碱性物质氧化，使铁精矿品位降低，焙烧时间的延长会加剧物质液相形成，使熟料致密，铁精矿中非磁性物质含量增加。在焙烧时间为 60min、80min、100min 时铁精矿品位和铁回收率差距较小，结合氧化铝的回收情况，综合考虑，选择最优的焙烧时间为 60min，铁精矿中铁品位为 44.45%，铁回收率为 81.30%。

5.3.5 配料摩尔比对铁回收率的影响

本节探究了拜耳法赤泥与高硫铝土矿不同的摩尔比对铁回收率的影响。实验在以下条件下进行：选择氧化铁与黄铁矿的摩尔比分别为 1:1、4:1、8:1、12:1、16:1，钙比为 2.0，碱比为 1.0，碳酸钠与氢氧化钠的质量比为 6:4，物料均匀混合，焙烧温度为 900℃，焙烧时间为 60min，炉内自然冷却，熟料进行水溶，溶出温度为 80℃，溶出时间为 20min，液固比为 10mL/g，溶出渣球磨时间为 3min，磁选强度为 100kA/m。铁回收情况如图 5.30 所示。

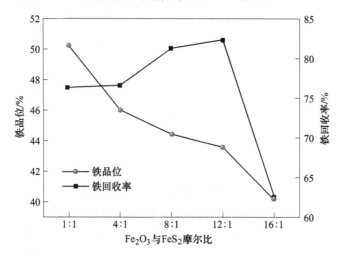

图 5.30 Fe$_2$O$_3$ 与 FeS$_2$ 的摩尔比对铁品位和回收率的影响

由图 5.30 可知，增加氧化铁与黄铁矿的摩尔比，铁的回收率先增加后降低，由 5.1.1 节中 Fe$_2$O$_3$ 与 FeS$_2$ 的热力学分析结果可知，在 Fe$_2$O$_3$ 与 FeS$_2$ 的摩尔比为 16:1，最容易发生还原反应生成 Fe$_3$O$_4$，由于 FeS$_2$ 主要来自于高硫铝土矿，导致氧化铁与黄铁矿接触不够充分，改变摩尔比有利于还原反应的发生。摩尔比的增加使铁精矿里面的铁品位降低，在焙烧过程中氧化铁除了被还原成四氧化三铁，还会使氧化铁发生晶型的转变，形成铁磁性的 γ-Fe$_2$O$_3$，综合考虑，氧化铁与黄铁矿的摩尔比为 12:1 比较合适，此时铁精矿中铁品位为 43.58%，铁回收率为 82.38%。

5.3.6　磁选强度对铁回收率的影响

本节探究了磁选强度对铁回收的影响。实验在以下条件下进行：选择氧化铁与黄铁矿的摩尔比为 12∶1，钙比为 2.0，碱比为 1.0，碳酸钠与氢氧化钠的质量比为 6∶4，物料均匀混合，焙烧温度为 900℃，焙烧时间为 60min，炉内自然冷却，熟料进行水溶，溶出温度为 80℃，溶出时间为 20min，液固比为 10mL/g，溶出渣球磨时间 3min，磁选强度分别为 40kA/m、80kA/m、100kA/m、160kA/m、240kA/m。铁回收情况如图 5.31 所示。

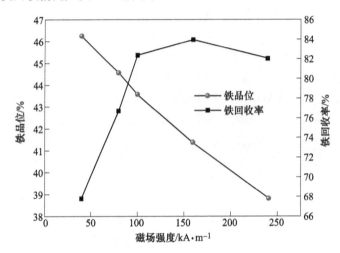

图 5.31　磁场强度对铁品位和铁回收率的影响

由图 5.31 可知，磁场强度对铁回收率和铁品位的影响较明显；随着磁场强度的增加，铁精矿中铁品位降低；在磁场强度低于 150kA/m 时，随着磁场强度的增加铁回收率增加，其原因在于研磨原料的时候不能够使铁氧化物和非铁氧化物完全分离，两者之间相互夹杂，提高磁场强度，使弱磁性物质被磁选出来，铁回收率升高，同时会夹带部分的非磁性物质，致使铁精矿品位降低。综合考虑，选取磁场强度为 100kA/m，此时铁精矿中铁品位为 41.35%，铁回收率为 83.97%。

5.3.7　球磨时间对铁回收率的影响

本节探究了不同球磨时间对铁回收的影响。实验在以下条件下进行：选择氧化铁与黄铁矿的摩尔比为 12∶1，钙比为 2.0，碱比为 1.0，碳酸钠与氢氧化钠的质量比为 6∶4，物料均匀混合，焙烧温度为 900℃，焙烧时间为 60min，炉内自然冷却，熟料进行水溶，溶出温度为 80℃，溶出时间为 20min，液固比为 10mL/g，溶出渣球磨时间分别为 1min、2min、3min、4min、5min，磁选强度为 100kA/m。铁回收情况如图 5.32 所示。

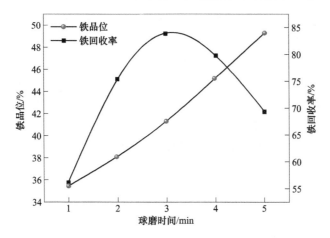

图 5.32 球磨时间对铁品位和铁回收率的影响

由图 5.32 可知，球磨时间对铁品位和铁回收率的影响较明显；随着溶出渣球磨时间的延长，磁选后的铁精矿的品位增大，铁的回收率先增加后降低。其原因是球磨时间小于 3min 时，矿物中铁磁性物质与非铁磁性物质未分离，使磁选的铁精矿中的非磁性物质含量较高，导致铁精矿品位较低，同时弱磁性物质保留在铁精矿中，导致铁回收率升高；随着球磨时间的延长，当球磨时间超过 3min，物质粒度较细，铁磁性物质与非铁磁性物质分离较好，提高铁精矿品位，细粒度物质在磁选过程易被水流冲走，降低铁的回收率。综上考虑，溶出渣球磨时间为 3min，此时铁精矿中铁品位为 41.35%，铁回收率为 83.97%。

5.4 最优实验条件

在最优的焙烧和溶出条件下，对选用两种不同的添加剂焙烧后的溶出渣中铁回收情况进行比较。A 号样品添加剂为 Na_2CO_3，实验条件：焙烧温度为 1100℃，焙烧时间为 60min，钙比为 2.0，碱比为 1.0，氧化铝的溶出温度为 80℃，溶出时间为 25min，液固比为 10mL/g，NaOH 浓度为 18g/L、Na_2CO_3 溶度为 8g/L，过滤后的溶出渣多次洗涤干燥后进行磁选；B 号样品添加剂为 NaOH-Na_2CO_3，焙烧温度为 900℃，焙烧时间为 60min，钙比为 2.0，碱比为 1.0，NaOH 与 Na_2CO_3 的质量比为 4∶6，氧化铝的溶出温度为 50℃，溶出时间为 20min，溶出液为去离子水，过滤后的溶出渣多次洗涤干燥后进行磁选。铁回收情况见表 5.6。

表 5.6 铁回收率的比较

样 品	铁品位/%	铁回收率/%
A	27.45	57.46
B	41.35	83.97

由表 5.6 的结果可知，在 1100℃ 下选用 Na_2CO_3 作为添加剂，铁品位和铁的回收率低，其原因在于黄铁矿与氧化铁在 550~600℃ 开始反应，同时黄铁矿受热分解，当温度为 1100℃ 时，原料里面的铝氧化物和铁氧化物会形成铁铝尖晶石，同时高温加剧物料液相化，导致铁的回收率降低。在 NaOH-Na_2CO_3 作为添加剂时，氧化铝和氧化铁的最优焙烧温度一致，有利于铁、铝同时回收。选用 NaOH-Na_2CO_3 作为添加剂，高硫铝土矿作为还原剂，氧化铝的回收率为 94.33%，磁选后的铁精矿中铁品位为 41.35%，铁回收率为 83.97%。

6 高硫铝土矿生产氧化铝技术研发方向

我国的高硫铝土矿中，有机物的含量通常随着硫含量的升高而升高，如我国遵义某矿区的铝土矿中，某矿点铝土矿的硫含量为0.74%时，有机碳含量为0.23%，另一矿点铝土矿的硫含量为3.20%时，对应的有机碳含量则为0.58%，见表6.1。

表6.1　遵义某矿区的铝土矿

硫含量/%	有机碳含量/%
0.74	0.23
2.05	0.31
3.20	0.58
5.08	0.84

拜耳法溶液中的有机物含量达到一定程度后，会造成许多生产问题并降低溶液的产出率。有机物带来的危害包括以下几点[130,131]：氢氧化铝产量的降低；氢氧化铝颗粒的细化；氧化铝产品中杂质含量升高；拜耳法溶液和氧化铝产品带色；赤泥的沉降速度降低；由于有机钠盐的形成使得碱损失；提高了溶液的密度、黏度和沸点，且使溶液起泡沫；草酸盐与氢氧化铝一起结晶析出；加速了设备的结疤。

高效开发利用丰富的高硫铝土矿资源是解决铝资源短缺的有效途径之一，而硫及有机物的脱除对于高硫铝土矿资源高效开发利用至关重要。

刘战伟课题组在高硫铝土矿生产氧化铝湿法氧化脱硫时，发现大约只有一半的氧气把低价硫 S^{2-}、$S_2O_3^{2-}$ 和 SO_3^{2-} 氧化成高价硫 SO_4^{2-}，同时溶液中的有机物腐植酸的含量有所减少。

分光光度计波长为578nm时，测得在温度260℃下溶出60min高压湿法氧化后溶液的吸光度结果（见表6.2），溶液吸光度值的变化代表拜耳法溶液颜色的变化，即腐植酸的去除率。

表6.2　溶出液的吸光度结果

氧气添加量/g·L^{-1}	吸光度值
0	2.173
9	1.672
15	1.075
30	0.359

从表 6.2 中可以看出，随着氧气添加量的增加，溶液在 578nm 处的吸光度大幅度地降低，这说明溶液明显褪色，即溶液中的腐植酸明显减少，当通入大量的氧气（30g/L）时，溶液中的腐植酸几乎全部被氧化降解。

在温度 260℃下溶出 60min 高压湿法氧化后的溶液如图 6.1 所示，从图 6.1 中可以直观地看到，随着通入氧气量的增加，高压湿法氧化溶出液由不透明变得透明，由深黑色变成亮红色。这也说明了高压湿法氧化可以使溶液明显褪色。

(a)   (b)   (c)

图 6.1 高压湿法氧化溶出液

(a) 0g/L；(b) 15g/L；(c) 30g/L

彩图

陈文汨课题组[80]在拜耳法溶出过程中通入空气对矿浆进行湿式氧化，在氧化脱除 S^{2-} 的同时，也会将矿浆中的一部分有机物氧化。高温高压条件下，矿浆中的有机物与溶液中的碱反应生成草酸钠，使得溶液中 $C_2O_4^{2-}$ 浓度逐渐上升，而继续增加反应中的氧气加入量，溶液中草酸钠会被 O_2 氧化，使得 $C_2O_4^{2-}$ 浓度降低。

湿法氧化可以将铝酸钠溶液中的硫和有机物同时脱除，已工业化的湿法氧化工艺属于传统的非催化工艺，操作温度较高，对设备和操作要求高；而低温催化湿法氧化工艺则是目前研究的热点，具有温度低、成本低和效果好的特点，但是该项研究仍处于实验室研究阶段，尚未工业应用。催化湿法氧化的难点在于寻找一种经济且高效的催化剂。研究开发一种经济且高效的催化剂使湿法氧化工艺在较低的温度下去除拜耳法溶液中的有机物和硫具有工业应用前景。

参 考 文 献

[1] GU S Q. Chinese bauxite and its influences on alumina production in China [J]. Light Metals, 2013: 43-47.

[2] 韩跃新, 柳晓, 何发钰, 等. 我国铝土矿资源及其选矿技术进展 [J]. 矿产保护与利用, 2019, 39 (4): 151-158.

[3] CHAO X, ZHANG T A, LV G Z, et al. Comprehensive application technology of bauxite residue treatment in the ecological environment: A review [J]. Bulletin of Environmental Contamination and Toxicology, 2022.

[4] CHEN Y, ZHANG T A, LV G Z, et al. Extraction and utilization of valuable elements from bauxite and bauxite residue: A review [J]. Bulletin of Environmental Contamination and Toxicology, 2022.

[5] 王仕愈, 陈朝轶, 李军旗, 等. 高硫高硅铝土矿的研究现状与发展趋势 [J]. 轻金属, 2018 (12): 1-4.

[6] 国家有色金属工业局河南地质勘查局. DZ/T 0202—2002 中华人民共和国地质矿产行业标准 [S]. 2002.

[7] 张伦和. 铝土矿资源合理开发与利用 [J]. 轻金属, 2012 (2): 3-11.

[8] 杨言杰. 河南省西部煤下铝土矿勘查前景及找矿意义 [J]. 华北国土资源, 2010 (4): 22-26.

[9] 杨重愚. 氧化铝生产工艺学 [M]. 北京: 冶金工业出版社, 1993.

[10] 王平升, 贾海龙. 我国氧化铝工业可持续发展探讨 [J]. 轻金属, 2004 (11): 3-5.

[11] 何伯泉, 罗琳. 试论我国高硫铝土矿脱硫新方案 [J]. 轻金属, 1996 (12): 3-5.

[12] 朱东晖. 河南省铝土矿勘查现状及找矿前景分析 [J]. 中国国土资源经济, 2008 (7): 4-6.

[13] 张林, 张录星. 曹窑煤矿区深部铝土矿床特征及启示 [J]. 地球科学, 2012 (1): 27-32.

[14] 张胜威, 姚成, 姜骁疆. 河南省新安县石寺矿区煤下铝成矿规律浅析 [J]. 矿业论坛, 2011 (33): 314-315.

[15] 陶勇. 贵州地区铝土矿的分布和勘查分析 [J]. 有色金属文摘, 2015, 30 (3): 7, 8.

[16] 付世伟. 贵州高硫铝土矿开发利用前景分析 [J]. 矿产勘查, 2011, 2 (2): 159-164.

[17] 路坊海. 浅论猫场高硫型铝土矿脱硫方案的选择 [J]. 轻金属, 2009 (9): 17-20.

[18] 邓永勤, 王显永. 南川铝土矿在拜耳法生产中的探索与实践 [C] // 2009 (重庆) 中西部第二届有色金属工业发展论坛论文集. 2009: 155-158.

[19] 孙治伟, 鹿爱莉, 盖静, 等. 山西铝土矿资源开发利用的现状、问题与对策 [J]. 中国矿业, 2010, 9 (11): 49-51.

[20] 郑立聪, 谢克强, 刘战伟, 等. 一水硬铝石型高硫铝土矿脱硫研究进展 [J]. 材料导报, 2017, 31 (3): 84-93.

[21] 马智敏. 高硫铝土矿中的浮选脱除及机理研究 [D]. 赣州: 江西理工大学, 2013.

[22] 郑立聪. 高硫铝土矿湿法还原脱硫的基础研究 [D]. 昆明: 昆明理工大学, 2017.

[23] 吕国志，张延安，鲍丽，等．高硫铝土矿焙烧预处理的赤泥沉降性能 [J]．东北大学学报 （自然科学版），2009，30 （2）：242-245.

[24] 胡小莲，陈文汩，谢巧玲．高硫铝土矿氧化焙烧脱硫研究 [J]．中南大学学报 （自然科学版），2010，41 （3）：852-858.

[25] 李玉琼，陈建华，陈晔．空位缺陷黄铁矿的电子结构及其浮选行为 [J]．物理化学学报，2010，2 （5）：1435-1441.

[26] 杨显万．高温水溶液热力学数据计算手册 [M]．北京：冶金工业出版社，1983.

[27] 田彦文，翟秀静，刘奎仁．冶金物理化学简明教程 [M]．北京：化学工业出版社，2011.

[28] 李洪桂．冶金原理 [M]．北京：科学出版社，2005：151-188.

[29] 李小斌，李重洋，齐天贵，等．拜耳法高温溶出条件下黄铁矿的反应行为 [J]．中国有色金属学报，2013，23 （3）：829-835.

[30] 兰军，吴贤熙，解元承．一元和三元型含水硫铝酸钙热力学研究 [J]．应用化工，2007，36 （10）：961-963.

[31] LIAO X, ZHANG J H, LI Jian, et al. Study on the chemical weathering of black shale in northern Guangxi, China [C] // 10th Asian Regional conference of IAEC, 2015.

[32] ATANASSOVA R. Recent sulphate minerals: A result of weathering of pyrite [J]. Geosciences, 2008: 133-134.

[33] ZHENG L C, LIU Z W, XIE K Q, et al. Thermodynamic research of S-H₂O system in sodium aluminate solution [C] // Switzerland, Key Engineering Materials. Trans. Tech. Publications, 2017, 730: 272-281.

[34] 莫鼎成．冶金动力学 [M]．长沙：中南工业大学出版社，1987.

[35] 韩其勇．冶金过程动力学 [M]．北京：冶金工业出版社，1983.

[36] 华一新．冶金过程动力学导论 [M]．北京：冶金工业出版社，2004.

[37] LIU Z W, YAN H W, MA W H, et al. Digestion behavior and removal of sulfur in high-sulfur bauxite during bayer process [J]. Minerals Engineering, 2020, 149: 1-8.

[38] LIU Z W, LI W X, MA W H, et al. Research on digestion behavior of sulfur in high-sulfur bauxite [J]. Light Metals, 2015: 39-43.

[39] 张祥远，李军旗，陈朝轶，等．贵州某高硫铝土矿中硫和铝的溶出行为 [J]．湿法冶金，2011，30 （4）：312-315.

[40] 曹彦卓，董放战，张生．石灰活性对氧化铝溶出率的影响 [J]．轻金属，2007 （5）：21-23.

[41] YIN J G, XIA W T, HAN M R. Resource utilization of high-sulfur bauxite of low-median grade in chongqing China [J]. Light Metals, 2011: 19-22.

[42] 吕国志，张廷安，鲍丽，等．高硫铝土矿的焙烧预处理及焙烧矿的溶出性能 [J]．中国有色金属学报，2009，19 （9）：1684-1689.

[43] 吕国志，张廷安，赵爱春，等．含硫铝土矿预焙烧动力学研究 [C] // 中国金属学会冶金反应工程学会第十三届 （2009 年）冶金反应工程学会议，2009.

[44] LOU Z N, XIONG Y, FENG X D, et al. Study on the roasting and leaching behavior of high-

sulfur bauxite using ammonium bisulfate. Hydrometallurgy, 2016, 165 (2): 306-311.

[45] QI Y Q, LI W, CHEN H K, et al. Desulfurization of coal through pyrolysis in a fluidized-bed reactor under nitrogen and 0.6% O_2-N_2 atmosphere [J]. Fuel and Energy Abstracts, 2004, 45 (6): 705-712.

[46] 吕国志. 利用高硫铝土矿生产氧化铝的基础研究 [D]. 沈阳: 东北大学, 2010.

[47] 胡小莲, 陈文泪, 谢巧玲. 高硫铝土矿氧化钙焙烧脱硫 [J]. 轻金属, 2010 (1): 9-14.

[48] HU X L, CHEN W M, XIE Q L. Desulfuration of high sulfur bauxite by oxidation roasting. Journal of Central South University: Science and Technology, 2010, 41 (3): 852-858.

[49] 王鹏, 魏德洲. 高硫铝土矿脱硫技术 [J]. 金属矿山, 2012 (1): 108-123.

[50] XIE M, DENG W H. Study on pyrite flotability and production practice [J]. Mining and Metallurgy, 1992, 1 (2): 32-37.

[51] CHETTIBI M, BOUTRID A, LARABA A, et al. Optimization of physicochemical parameters of pyrite flotation [J]. Journal of Mining Science, 2015, 51 (6): 1262-1270.

[52] IGNATKINA V A, BOCHAROV V A, D'YACHKOV F G. Collecting properties of diisobutyl dithiophosphinate in sulfide minerals flotation from sulfide ore [J]. Journal of Mining Science, 2013, 49 (5): 795-802.

[53] 胡岳华, 王毓华, 王淀佐, 等. 铝硅矿物浮选化学与铝土矿脱硅 [M]. 北京: 科学出版社. 2004.

[54] 黄传兵, 王毓华, 陈兴华, 等. 铝土矿反浮选脱硅研究综述 [J]. 金属矿山, 2005, 34 (6): 21-24.

[55] 张风林, 王克勤, 邓海霞, 等. 高硫铝土矿脱硫研究现状与进展 [J]. 山西科技, 2011 (1): 94-95.

[56] 胡熙庚, 黄和慰, 毛钜凡. 浮选理论与工艺 [M]. 长沙: 中南工业大学出版社, 1991.

[57] 覃文庆, 邱冠周, 王淀佐, 等. 黄原酸钾盐介质中黄铁矿的电化学行为Ⅱ: 疏水性产物双黄药的吸附及其稳定性研究 [J]. 湖南有色金属, 2000 (4): 14-16.

[58] 张念炳, 白晨光, 黎志英, 等. 高硫铝土矿中含硫矿物赋存状态及脱硫效率研究 [J]. 电子显微学报, 2009, 28 (3): 229-234.

[59] 王晓民, 张延安, 吕国志, 等. 丁基黄药用作高硫铝土矿浮选脱硫的捕收剂 [J]. 过程工程学报, 2009, 9 (3): 498-502.

[60] 陈文泪, 谢巧玲, 胡小莲, 等. 高硫铝土矿反浮选除硫试验研究 [J]. 矿业工程, 2008, 28 (3): 34-37.

[61] Trahar. A rational interpretation of the role of particle size in flotation [J]. International Journal of Mineral Processing, 1981, 8 (4): 289-327.

[62] 罗琳, 邱冠周, 刘永康, 等. 论中国高硅低铁一水硬铝石型铝土矿的几种处理方法 [J]. 轻金属, 1996 (2): 14-17.

[63] SCGENUAKUBG B C. Bauxite flotation in alkaline aluminate solution [J]. Metallic Ore Dressing Abroad, 1986 (4): 15-16.

[64] WANG X M, ZHANG T G, LU G Z, et al. Flotation desulfurization of high-sulfur bauxite with butyl xanthate as collector [J]. The Chinese Jounal of Process Engineering, 2009, 9 (3):

498-502.

[65] 王晓民，张廷安，吕国志，等．高硫铝土矿浮选除硫药剂的选择 [J]．东北大学学报（自然科学版），2010，31（4）：555-558.

[66] 冯其明，陈荩．硫化矿物浮选电化学 [M]．长沙：中南工业大学出版社，1992.

[67] 王淀佐，顾国华，刘如意．方铅矿-石灰-乙硫氮体系中电化学调控浮选 [J]．中国有色金属学报，1998，8（2）：322-326.

[68] 王淀佐．浮选理论的新进展 [M]．北京：科学出版社，1992.

[69] BUCKLEY A N. An X-ray photoelectron spectroscopic investl galion of the surface oxidation for sulfide minerals [C]//Electrochemistry in Mineral and Metal Processing, 1984: 286-302.

[70] SALARNY S G, NIXON J G. The application of electrochemical methods to flotation research. Recent developments in mineral dressing [M]. London: Institution of Mining and Metallurgy, 1953.

[71] RICHARDSON P E. Semiconductor characteristics of galena electrode relationship to mineral flotation [J]. J. Electrochem. Soc. , 1985, 132 (6): 1350-1356.

[72] CARTA M, CICCU R, FA C D, et al. The influence of the surface energy structure of minerals on electric separation and flotation [C]//6th Internation Mineral Processing Congress (IMPC), 1970: 47.

[73] KOCABAG D, GÜLER T. Two-liquid flotation of sulphides: An electrochemical approach [J]. Minerals Engineering, 2007, 2 (13): 1246-1254.

[74] 兰军．石灰拜耳法生产氧化铝脱硫及其热力学研究 [D]．贵阳：贵州大学，2009.

[75] 黄向阳，杨书春．硫化矿浮选过程中的电化学行为研究现状 [J]．现代矿业，2009（6）：18-20.

[76] 欧乐明．硫化矿浮选电化学技术工程化存在的问题及发展前景 [J]．国外金属矿选矿，2003（4）：9-11.

[77] 李旺兴，尹中林，刘战伟，等．一种铝土矿生产氧化铝过程的除硫方法：CN102674415A [P]．2012-09-19.

[78] 吴鸿飞，李军旗，陈朝轶，等．H_2O_2 和 $NaSO_4$ 晶种对高硫种分母液强化排盐的影响 [J]．有色金属（冶炼部分），2018（8）：27-31.

[79] LIU Z W, LI W X, MA W H. et al. Conversion of sulfur by wet oxidation in the bayer process [J]. Metallurgical and Materials Transactions B, 2015, 46 (4): 1702-1708.

[80] 陈文汩，刘诗华．用 MnO_2 脱除工业铝酸钠溶液中 S^{2-} 的研究 [J]．轻金属，2011（11）：20-24.

[81] 刘诗华．湿式氧化法脱除工业铝酸钠溶液中负二价硫离子的研究 [D]．长沙：中南大学，2011.

[82] 彭欣，金立业．高硫铝土矿生产氧化铝的开发与应用 [J]．轻金属，2010，（11）：14-17.

[83] LIU Z W, LI W X, MA W H, et al. Comparison of deep desulfurization methods in alumina production process [J]. Journal of Central South University, 2015, 22 (10): 3745-3750.

[84] LI X B, NIU F, TAN J, et al. Removal of S^{2-} ion from sodium aluminate solutions with sodium

ferrite. Transactions of Nonferrous Metals Society of China, 2016, 26 (3): 1419-1424.

[85] 刘龙, 李军旗, 陈朝轶, 等. 优化条件下氧化锌对高硫铝土矿溶出过程脱硫的影响[J]. 有色金属 (冶炼部分), 2017 (1): 28-31.

[86] 陈文泪, 江兵, 刘红召, 等. 铝土矿溶出过程中添加黄铁矿除锌 [J]. 轻金属, 2006 (10): 21-24.

[87] 何润德. 论用铝酸钡除工业铝酸钠溶液中硫的经济合理性 [J]. 贵州工业大学学报, 2000, 29 (6): 54-58.

[88] 何润德. 工业铝酸钠溶液氢氧化钡除硫 [J]. 有色金属, 1996, 48 (4): 63-66.

[89] 张念炳. 用贵州高硫铝土矿生产氧化铝时的脱硫新方法研究——重点脱硫条件和效果研究 [D]. 贵阳: 贵州大学, 2006.

[90] 李刚, 孙剑峰, 杨杰. 混联法生产过程中硫的行为及排除方法 [J]. 有色冶金节能, 2004, 21 (5): 50-52.

[91] LIU Z W, YAN H W, MA W H, et al. Sulfur Removal of High-Sulfur Bauxite [J]. Mining Metallurgy & Exploration, 2020, 37 (5): 1617-1626.

[92] LIU Z W, MA W H, YAN H W, et al. Sulfur removal with active carbon supplementation in digestion process [J]. Hydrometallurgy, 2018, 179: 118-124.

[93] LIU Z W, YAN H W, MA W H, et al. Sulfur removal by adding iron during the digestion process of high-sulfur bauxite [J]. Metallurgical and Materials Transactions B, 2018, 49 (2): 509-513.

[94] LIU Z W, LI D Y, MA W H, et al. Sulfur removal by adding aluminum in the bayer process of high-sulfur bauxite [J]. Minerals Engineering, 2018, 119: 76-81.

[95] LI X B, LI C Y, PENG Z H, et al. Interaction of sulfur with iron compounds in sodium aluminate solution [J]. Transactions of Nonferrous Metals Society of China, 2015 (25): 608-614.

[96] LI X B, NIU F, LIU G H, et al. Effects of iron-containing phases on transformation of sulfur-bearing ions in sodium aluminate solution [J]. Transactions of Nonferrous Metals Society of China,2017 (4): 908-916.

[97] LIU Z W, MA W H, YAN H W, et al. Removal of sulfur by adding zinc during the digestion process of high-sulfur bauxite [J]. Scientific Reports, 2017, 7 (17181): 1-9.

[98] 罗玉长, 刘纯玉, 张玉秀. 石灰拜尔法脱硫研究 [J]. 山东冶金, 1989 (4): 39-41.

[99] 罗玉长, 叶长龙. 铝酸钠溶液脱硫的研究 [J]. 轻金属, 2003 (4): 9-11.

[100] 刘连利, 翟玉春, 田彦. 水合硫铝酸钙的合成 [J]. 中国有色金属学报, 2003, 13 (2): 506-510.

[101] 蒋洪石. 石灰拜耳法生产氧化铝的脱硫研究 [D]. 贵阳: 贵州大学, 2007.

[102] GONG X Z, ZHUANG S Y, GE L, et al. Desulfurization kinetics and mineral phase evolution of bauxite water slurry (BWS) electrolysis [J]. International Journal of Mineral Processing, 2015, 139: 17-24.

[103] 吕艾静. 电解液循环对铝土矿水浆电解脱硫的影响 [J], 中国科学院过程工程研究所, 2016, 26 (6): 1714-1720.

[104] 葛岚, 许鸿雁, 公旭中, 等. 氮气搅拌下高硫铝土矿电解脱硫研究 [J]. 中国环境管理

干部学院学报, 2014, 24 (6): 42-46.

[105] GONG X Z, WANG Z, ZHUANG S Y, et al. Roles of electrolyte characterization on bauxite electrolysis desulfurization with regeneration and recycling. Metallurgical and Materials Transactions B, 2017, 48 (1): 726-732.

[106] GONG X Z, GE L, WANG Z, et al. Desulfurization from Bauxite Water Slurry (BWS) Electrolysis [J]. Metallurgical and Materials Transactions, B. Process metallurgy and materials processing science, 2016, 47 (1): 649-656.

[107] 周希朗. 电磁场理论与微波技术基础 (下册) [M]. 南京: 东南大学出版社, 2005: 1-5.

[108] 张念炳, 白晨光, 邓青宇. 高硫铝土矿微波焙烧预处理 [J]. 重庆大学学报, 2012, 3 (1): 81-85.

[109] WENG S H, WANG J. Mossbauer study of coal desulphurization by microwave irradiation combined with magnetic separation and chemical acid leaching [J]. Science in China Series B: Chemistry, Life Sciences & Earth Sciences, 1993, 36 (11): 1289-1299.

[110] 程荣, 丘纪华. 穆斯堡尔谱在煤粉微波脱硫试验分析中的应用 [J]. 环境工程, 2002, 20 (2): 34-36.

[111] 赵庆玲, 郑晋梅, 段滋华. 煤的微波脱硫 [J]. 煤炭转化, 1996, 19 (3): 9-13.

[112] 梁佰战, 陈肖虎, 冯鹤, 等. 高硫铝土矿微波脱硫溶出试验 [J]. 有色金属 (冶炼部分), 2011 (3): 23-26.

[113] 杨显万, 沈庆峰, 郭玉霞. 微生物湿法冶金 [M]. 北京: 冶金工业出版社, 2003.

[114] KONISHI Y, NISHIRNURA H, ASAI S. Bioleaching of sphalerite by the acidophilic thermophile acidianus brieleyi [J]. Hydrometallurgy, 1998, 47 (2): 339-352.

[115] SANDSTROM A, PETERSSON S. Bioleaching of a complex sulphide ore with moderate thermophilic and extreme thermophilic microor-ganisms [J]. Hydrometallurgy, 1997, 46 (1): 181-190.

[116] 王恩德. 环境资源中的微生物技术 [M]. 北京: 冶金工业出版社, 1997.

[117] 周吉奎, 李花霞. 高硫铝土矿中黄铁矿的细菌氧化试验研究 [J]. 金属矿山, 2011 (12): 67-69, 90.

[118] 郝跃鹏, 李花霞. 细菌浸出高硫铝土矿中杂质硫的研究 [J]. 轻金属, 2014 (10): 11-15.

[119] LI H X, ZHOU J K, HUO Q. Bioleaching of high sulfur bauxite from Chongqing using Acidithiobacillus Ferroxidans bacerias [J]. ICSOBA 2010 Travaux, 2010, 35 (39): 142-149.

[120] 熊平. 高硫铝土矿与拜耳法赤泥协同焙烧分离铁铝的研究 [D]. 昆明: 昆明理工大学, 2021.

[121] MAYORAL M C, IZQUIERDO M T, ANDRÉS J M, et al. Mechanism of interaction of pyrite with hematite as simulation of slagging and fireside tube wastage in coal combustion [J]. Thermochimica Acta, 2002, 390 (1): 103-111.

[122] PETERSEN U. Geochemistry of hydrothermal ore deposits [J]. The Journal of Geology, 1968, 76 (5): 606.

[123] AGRAWAL S, RAYAPUDI V, DHAWAN N. Comparison of microwave and conventional carbothermal reduction of red mud for recovery of iron values [J]. Minerals Engineering, 2019, 132: 202-210.

[124] 孟芸. 氧化铝生产热力学数据库的优化与完善 [D]. 长沙: 中南大学, 2004.

[125] LI X B, LV W J, FENG G T, et al. The applicability of Debye-Hückel model in NaAl(OH)$_4$-NaOH-H$_2$O system [J]. The Chinese Journal of Process Engineering, 2005, 5 (5): 525-528.

[126] LI X B, LV W J, LIU G H, et al. Activity coefficients calculation model for NaAl(OH)$_4$-NaOH-H$_2$O system [J]. Transactions of Nonferrous Metals Society of China, 2005, 15 (4): 908-912.

[127] 毕诗文. 氧化铝生产工艺 [M]. 北京: 化学工业出版社, 2006.

[128] 纪利春, 相亚军. 电石渣烧结法从赤泥回收氧化铝 [J]. 无机盐工业, 2016, 48 (2): 68-70.

[129] 牟文宁, 辛海霞, 雷雪飞, 等. 基于低温碱性熔炼技术的熔体物化性质研究 [J]. 矿冶工程, 2019, 39 (6): 88-91, 100.

[130] 张佰永, 毕诗文, 潘晓林, 等. 低温拜耳法过程有机物的积累和对氧化铝生产的影响 [J]. 轻金属, 2016 (11): 14-17.

[131] BUSETTI F, BERWICK L, MCDONALD S, et al. Physicochemical Characterization of Organic Matter in Bayer Liquor [J]. Industrial & Engineering Chemistry Research, 2014, 53 (15): 6544-6553.